U0299716

高等职业教育"十三五"规划教材
高等职业院校建筑工程技术专业规划推荐教材

混凝土结构施工图识读

李盛楠 主 编

中国建筑工业出版社

图书在版编目（CIP）数据

混凝土结构施工图识读/李盛楠主编. —北京：中国建筑工业出版社，2018.7（2024.11重印）

高等职业教育"十三五"规划教材，高等职业院校建筑工程技术专业规划推荐教材

ISBN 978-7-112-22178-3

Ⅰ.①混…　Ⅱ.①李…　Ⅲ.①混凝土结构-建筑制图-识图-高等职业教育-教材　Ⅳ.①TU204

中国版本图书馆 CIP 数据核字（2018）第 091101 号

　　本教材共分 8 个单元，内容包括：初识结构施工图，识读图纸目录和结构设计总说明，识读某框剪结构办公楼钢筋混凝土基础施工图，识读某框剪结构办公楼钢筋混凝土柱结构施工图，识读某框剪结构办公楼钢筋混凝土梁平法施工图，识读现浇混凝土楼面和屋面结构施工图，识读剪力墙平法施工图，识读现浇混凝土板式楼梯施工图。

　　本教材既可作为高等职业院校建筑工程技术专业教材，也可作为相关技术人员参考用书。

　　为便于本课程教学，作者自制免费课件资源，请发送至 10858739@qq.com 索取。

责任编辑：刘平平　朱首明　李　阳
责任设计：李志立
责任校对：李美娜

高等职业教育"十三五"规划教材
高等职业院校建筑工程技术专业规划推荐教材
混凝土结构施工图识读
李盛楠　主　编

*

中国建筑工业出版社出版、发行（北京海淀三里河路 9 号）
各地新华书店、建筑书店经销
北京科地亚盟排版公司制版
建工社（河北）印刷有限公司印刷

*

开本：787×1092 毫米　1/16　印张：9¼　字数：229 千字
2018 年 9 月第一版　　2024 年 11 月第三次印刷
定价：**25.00 元**（赠课件）
ISBN 978-7-112-22178-3
（32069）

序

职业教育由于其自身培养目标的特殊性，在教学过程中特别注重学生职业技能的训练，注重职业岗位能力、自主学习能力、解决问题能力、社会能力和创新能力的培养。目前，许多高等职业院校正大力推行工学结合，突出实践能力的培养，改革人才培养模式，职业教育的教学模式也正悄然发生着改变，传统学科体系的教学模式正逐步转变为行为体系的职业教学模式。我院作为辽宁建设职业教育集团的牵头单位，从很早就开始借鉴国内外先进的教学经验，开展基于工作过程系统化、以行动为导向的项目化课程设计与教学方法改革。在职业技术课程改革中，突出教师引领学生做事，围绕知识的应用能力，用项目对能力进行反复训练，课程"教、学、做"一体化的设计，体现了工学结合、行动导向的职业教育特点。

所以我们选定十五门课程进行项目化教材的改革。包括：建筑工程施工技术、混凝土结构检测与验收、建筑工程质量评定与验收、建筑施工组织与进度控制、混凝土结构施工图识读等。

本套教材在编写思路上考虑了学生胜任职业所需的知识和技能，直接反映职业岗位或职业角色对从业者的能力要求，以从业中实际应用的经验与策略的学习为主，以适度的概念和原理的理解为辅，依据职业活动体系的规律，采取以工作过程为导向的行动体系，以项目为载体，以工作任务为驱动，以学生为主体，"教、学、做"一体的项目化教学模式。本套教材在内容安排和组织形式上作出了新的尝试，突破了常规按章节顺序编写知识与训练内容的结构形式，而是按照工程项目为主线，按项目教学的特点分若干个部分组织教材内容，以方便学生学习和训练。内容包括教材所用的项目和学习的基本流程，且按照典型案例由浅入深地编写。这样，为学生提供了阅读和参考资料，帮助学生快速查找信息，完成练习项目。本套教材是以项目为模块组织教材内容，打破了原有教材体系的章节框架局限，采用明确项目任务、制定项目计划、实施计划、检查与评价的形式，创新了传统的授课模式与内容。

相信这套教材能对课程改革的推进、教学内容的完善、学生学习的推动提供有力的帮助！

辽宁建设职业教育集团 秘书长
辽宁城市建设职业技术学院 院长
王斌

前　言

　　"混凝土结构施工图识读"课程是在全国高职高专土建类专业开展的基于工作过程系统化，以行动为导向的项目化课程设计与教学方法改革背景下，根据施工员、测量员、质检员、监理员、预算员等具体岗位要求，以岗位具体工作内容为导向，通过项目的学习推动真实的学习过程。

　　本教材内容结合具体工程项目的结构施工图、规范、图集 16G101-1、2、3 等，本教材内容主要包括初识结构施工图、识读图纸目录和结构设计总说明、识读某框剪结构办公楼钢筋混凝土基础施工图、识读某框剪结构办公楼钢筋混凝土柱结构施工图、识读某框剪结构办公楼钢筋混凝土梁平法施工图、识读现浇混凝土楼面和屋面结构施工图、识读剪力墙平法施工图、识读现浇混凝土板式楼梯施工图相关知识。在编写内容上力求以培养学生专业知识、能力、素质为目标，并注重理论联系实际。

　　本教材由辽宁城市建设职业技术学院李盛楠主编，辽宁城市建设职业技术学院王莘莘、刘悦老师任副主编，上海建工五建集团有限公司俞可中参与整本项目化教材的工程咨询和专业技术服务，辽宁城市建设职业技术学院周婵芳、董羽、刘晓晨参编。其中单元1、单元2由董羽编写；单元3、单元4由周婵芳编写；单元5、单元8由李盛楠编写；单元6由刘悦编写；单元7由王莘莘编写；附件某框架-剪力墙结构施工图由刘晓晨编写。本教材在编写过程中各位编者参考并借鉴了很多文献，在此对各位文献的作者一并表示感谢。本教材由辽宁城市建设职业技术学院刘英明教授、李梅教授、沈阳计华工程造价咨询事务所有限责任公司李丹主审。他们对书稿提出了很多宝贵意见，在此表示由衷地谢意。

　　由于编者水平有限，书中难免有不足之处，敬请读者批评指正。

目　　录

单元 1　初识结构施工图

【知识目标】　理解结构施工图的概念作用；掌握钢筋级别、锚固和搭接；掌握混凝土级别、耐久性。

【能力目标】　能够进行钢筋量的计算。

【素质目标】　增强学生自学能力。

任务 1　识读结构施工图

1. 结构施工图的定义

结构施工图（简称结施图），主要表达建筑工程的结构类型，在建筑施工图的基础上对房屋各承重构件或单体（如基础、梁、柱、板、剪力墙和楼梯）的布置、材料、截面尺寸、配筋以及构件间的连接、构造要求。

2. 结构施工图的作用

结构施工图是设计人员综合考虑建筑的规模、使用功能、业主的要求、当地材料的供应情况、场地周边的现状、抗震设防要求等因素，根据国家及省市有关现行规范、规程、规定，以经济合理、技术先进、确保安全为原则而形成的结构工程设计文件。

结构施工图是施工放线、挖槽、支模板、绑扎钢筋、浇筑混凝土、安装梁板柱等构件、编制预决算和施工组织设计的依据，是监理单位工程质量检查与验收的依据。

3. 结构施工图的组成

结构施工图的组成一般包括以下内容：结构图纸目录、结构设计总说明、基础施工图、上部结构施工图和结构详图。

（1）结构图纸目录

结构图纸目录可以使我们了解图纸的排列、总张数和每张图纸的内容，核对图纸的完整性，查找所需要的图纸。

（2）结构设计总说明

结构设计总说明是结构施工图的纲领性文件，是施工的重要依据。它根据现行的规范要求，结合工程结构的实际情况，将设计的依据、对材料的要求、所选用的标准图和对施工的特殊要求等，以文字表达为主的方式形成的设计文件。

（3）基础施工图

基础施工图包括基础平面图和基础详图，主要表达建筑物的地基处理措施及要求，基础形式、位置、所属轴线，以及基础内留洞、构件、管沟、基底标高等平面布置情况；基础详图主要说明基础的具体构造。

（4）上部结构施工图

上部结构施工图指标高在±0.000以上的结构，主要表达梁、柱、板、剪力墙等构件的平面布置，各构件的截面尺寸、配筋等。

（5）结构详图

结构详图包括楼梯、电梯间、屋架结构详图及梁、柱、板的节点详图。

结构施工图一般按施工顺序排序，依次为图纸目录、结构设计总说明、基础平面图、基础详图、柱（剪力墙）平面及配筋图（自下而上按层排列）、梁平面及配筋（自下而上按层排列）、楼（屋）面结构平面图（自下而上按层排列）、楼梯及构件详图等。

4. 结构施工图的阅读方法和步骤

在实际施工中，我们通常是要同时看建筑图和结构图的。只有把两者同时结合起来看，把它们融合在一起，一栋建筑物才能进行施工。

（1）建筑图和结构图的关系

建筑图和结构图有相同的地方和不同的地方以及相关联的地方。

1）相同的地方。轴线位置、编号都相同；墙体厚度应相同；过梁位置与门窗洞口位置应相符等。因此凡是应相符合的地方都应相同，如果有不符合时，这就有了矛盾，有了问题，在看图时应记下来，在会审图纸时提出，或随时与设计人员联系，以便得到解决，使图纸对应才能施工。

2）不同的地方。建筑标高，与结构标高是不一样的；结构尺寸和建筑（做好装饰后的）尺寸是不相同的；承重结构墙在结构平面图上有，非承重的隔断墙则在建筑图上才有等。这些要从看图积累经验后，了解到哪些东西应在哪种图纸上看到，才能了解建筑物的全貌。

3）相关联的地方。结构图和建筑图相关联的地方，必须同时看两种图。民用建筑中的如雨篷、阳台的结构图和建筑的装饰图必须结合起来看；如圈梁的结构布置图中的圈梁通过门、窗口处对门窗高度有无影响，这也是要把两种图纸结合起来看；还有楼梯的结构图往往与建筑图结合在一起绘制等。随着施工经验和看图纸经验的积累，建筑图和结构图相关处的结合看图就会慢慢熟练起来。

（2）综合看图应注意事项

1）查看建筑尺寸和结构尺寸有无矛盾之处。

2）建筑标高和结构标高之差，是否符合应增加的装饰厚度。

3）建筑图上的一些构造，在做结构时是否需要先做预埋件等。

4）识读结构施工图时，应考虑建筑安装是尺寸上的放大或缩小。这在图上是没有具体标志的，但从施工经验及看了两种图后的配合，应该预先想到应放大或缩小的尺寸。

以上几点只是应引起注意的一些方面，我们要在看图时全面考虑到施工，才能算真正领会和消化图纸。

（3）识图时应注意的几个问题

1）施工图是根据投影原理绘制的，用图纸表明房屋建筑的设计及构造做法。所以要看懂施工图，应掌握投影原理和熟悉房屋建筑的基本构造。

2）施工图采用了一些图例符号以及必要的文字说明，共同把设计内容表现在图纸上。因此要看懂施工图，还必须记住常用的图例符号。

3）看图时要注意从粗到细，从大到小。先粗看一遍，了解工程的概貌，然后再细看。细看时应先看总说明和基本图纸，再深入看构件和详图。

4）一套施工图纸是由多个工种的图纸组成，各图纸之间是互相配合、紧密联系的。图纸的绘制大体是按照施工过程中不同的工种、工序分成一定的层次和部位进行的，因此要有联系、综合的看图。

5）结合实际看图。根据实践、认识、再实践、再认识的规律，看图时联系生产实践，就能比较快地掌握图纸的内容。

5. 学习依据

本教材混凝土结构施工图均采用建筑结构施工图平面整体设计方法，简称平法画法。平法的表达形式，概括起来是把结构构件的尺寸和配筋等，按照平面整体表示方法制图规则，整体直接表达在各类构件的结构平面布置图上，再与标准构造详图相结合，即构成一套新型完整的结构设计。

本教材涉及的图集及规范有：

《混凝土结构设计规范》（2015 年版）GB 50010—2010；

《建筑工程抗震设防分类标准》GB 50223—2008；

《高层建筑混凝土结构技术规程》JGJ 3—2010；

《建筑抗震设计规范》GB 50011—2010；

《建筑结构制图标准》GB/T 50105—2010；

《混凝土结构施工图平面整体表示方法制图规则和构造详图（现浇混凝土框架、剪力墙、梁、板)》16G101-1；

《混凝土结构施工图平面整体表示方法制图规则和构造详图（现浇混凝土板式楼梯)》16G101-2；

《混凝土结构施工图平面整体表示方法制图规则和构造详图（独立基础、条形基础、筏形基础、桩基础)》16G101-3。

任务 2　认知结构钢筋

1. 钢筋的品种、级别及选用

热轧钢筋公称直径和符号见表 1-1。

热轧钢筋的公称直径　　　　　　　　　　　　　　　　表 1-1

符号	牌号	抗拉强度设计值 f_y(MPa)	加工工艺	外形	化学成分	公称直径（mm）	推荐直径（mm）
Φ	HPB300	270	热轧（H）	光圆（P）	低碳钢（B）	6～22	6、8、10、12、16、20
Φ	HRB335	300	热轧（H）	带肋（R）	低合金钢（B）	6～50	6、8、10、12、16、20、25、32、40、50
ΦF	HRBF335	300	细晶粒热轧（F）				
Φ	HRB400	360	热轧（H）				
ΦF	HRBF400	360	细晶粒热轧（F）				

续表

符号	牌号	抗拉强度设计值 f_y(MPa)	加工工艺	外形	化学成分	公称直径 (mm)	推荐直径 (mm)
Φ^R	RRB400	360	余热处理（R）	带肋（R）	低合金钢（B）	6～50	8、10、12、16、20、25、32、40
Φ	HRB500	435	热轧（H）				6、8、10、12、16、20、25、32、40、50
Φ^F	HRBF500	435	细晶粒热轧（F）				

混凝土结构的钢筋应按下列规定选用：

（1）纵向受力普通钢筋宜采用 HRB400、HRB500、HRBF400、HRBF500 钢筋，也可采用 HRB335、HRBF335、HPB300、RRB400 钢筋；

（2）箍筋宜采用 HRB400、HRBF400、HPB300、HRB500、HRBF500 钢筋，也可采用 HRB335、HRBF335 钢筋；

（3）预应力筋宜采用预应力钢丝、钢绞线和预应力螺纹钢筋；

（4）RRB400 钢筋不宜用作重要部位的受力钢筋，不应用于直接承受疲劳荷载的构件。

2. 常见钢筋的图例和画法（表 1-2、表 1-3）

一般钢筋图例　　　　　　　　　　　　　　　　表 1-2

序号	名称	图例	序号	名称	图例
1	钢筋横断面		6	无弯钩的钢筋搭接	
2	无弯钩的钢筋端部	重叠短钢筋端部用45°短线表示	7	带半圆弯钩的钢筋搭接	
3	带半圆形弯钩的钢筋端部		8	带直钩的钢筋搭接	
4	带直钩的钢筋端部		9	套管接头	
5	带丝扣的钢筋端部		10	接触对焊的钢筋接头	

钢筋的画法　　　　　　　　　　　　　　　　表 1-3

序号	说明	图例
1	在平面图中配置钢筋时，底层钢筋弯钩应向上或向左，顶层钢筋则向下或向右	底层　顶层
2	配双层钢筋的墙体，在配筋立面图中，远面钢筋的弯钩应向上或向左，而近面钢筋则向下或向右	近面　远面
3	如在断面图中不能表示清楚钢筋配置，应在断面图外面增加钢筋大样图	

续表

序号	说明	图例
4	图例中所表示的钢筋、环筋，应加画钢筋大样及说明	
5	每组相同的钢筋、箍筋或环筋，可以用粗实线画出其中一根来表示，同时用一横穿的细线表示其余的钢筋、箍筋或环筋，横线的两端带斜短划表示该号钢筋的起止范围	

3. 钢筋的锚固

为了保证钢筋与混凝土之间的可靠粘结，钢筋必须有一定的锚固长度。钢筋的锚固长度一般指梁、板、柱等构件的受力钢筋伸入支座或基础中的长度。

受拉钢筋的基本锚固长度 l_{ab} 见表 1-4。

受拉钢筋的基本锚固长度 l_{ab} 表 1-4

钢筋种类	混凝土强度等级								
	C20	C25	C30	C35	C40	C45	C50	C55	≥C60
HPB300	39d	34d	30d	28d	25d	24d	23d	22d	21d
HRB335、HRBF335	38d	33d	29d	27d	25d	23d	22d	21d	21d
HRB400、HRBF400 RRB400	—	40d	35d	32d	29d	28d	27d	26d	25d
HRB500、HRBF500	—	48d	43d	39d	36d	34d	32d	31d	30d

抗震设计时受拉钢筋的基本锚固长度 l_{abE} 见表 1-5。

抗震设计时受拉钢筋的基本锚固长度 l_{abE} 表 1-5

钢筋种类	抗震等级	混凝土强度等级								
		C20	C25	C30	C35	C40	C45	C50	C55	≥C60
HPB300	一、二级	45d	39d	35d	32d	29d	28d	26d	25d	24d
	三级	41d	36d	32d	29d	26d	25d	24d	23d	22d
HRB335 HRBF335	一、二级	44d	38d	33d	31d	29d	26d	25d	24d	24d
	三级	40d	35d	31d	28d	26d	24d	23d	22d	22d
HRB400 HRBF400	一、二级	—	46d	40d	37d	33d	32d	31d	30d	29d
	三级	—	42d	37d	34d	30d	29d	28d	27d	26d
HRB500 HRBF500	一、二级	—	55d	49d	45d	41d	39d	37d	36d	35d
	三级	—	50d	45d	41d	38d	36d	34d	33d	32d

四级抗震时，$l_{abE} = l_{ab}$。

当锚固钢筋保护层厚度不大于 5d 时，锚固长度范围内应配置横向构造钢筋，其直径不应小于 $d/4$；对梁、柱等杆状构件间距不应大于 5d，对板、墙等平面构件间距不大于 10d，且均不应小于 100mm，此处 d 为锚固钢筋的直径。

受拉钢筋的锚固长度 l_a 见表 1-6。

受拉钢筋的锚固长度 l_a　　　　　　　　　　　表 1-6

钢筋种类	C20	C25		C30		C35		C40		C45		C50		C55		≥C60	
	$d\leqslant25$	$d\leqslant25$	$d>25$	$d\leqslant25$	$d>25$	$d\leqslant25$	$d>25$	$d\leqslant25$	$d>25$	$d\leqslant25$	$d>25$	$d\leqslant25$	$d>25$	$d\leqslant25$	$d>25$	$d\leqslant25$	$d>25$
HPB300	$39d$	$34d$	—	$30d$	—	$28d$	—	$25d$	—	$24d$	—	$23d$	—	$22d$	—	$21d$	—
HRB335、HRBF335	$38d$	$33d$	—	$29d$	—	$27d$	—	$25d$	—	$23d$	—	$22d$	—	$21d$	—	$21d$	—
HRB400、HRBF400、RRB400	—	$40d$	$44d$	$35d$	$39d$	$32d$	$35d$	$29d$	$32d$	$28d$	$31d$	$27d$	$30d$	$26d$	$29d$	$25d$	$28d$
HRB500、HRBF500	—	$48d$	$53d$	$43d$	$47d$	$39d$	$43d$	$36d$	$40d$	$34d$	$37d$	$32d$	$35d$	$31d$	$34d$	$30d$	$33d$

受拉钢筋抗震锚固长度 l_{aE} 见表 1-7。

受拉钢筋抗震锚固长度 l_{aE}　　　　　　　　　　　表 1-7

钢筋种类及抗震等级		C20	C25		C30		C35		C40		C45		C50		C55		≥C60	
		$d\leqslant25$	$d\leqslant25$	$d>25$	$d\leqslant25$	$d>25$	$d\leqslant25$	$d>25$	$d\leqslant25$	$d>25$	$d\leqslant25$	$d>25$	$d\leqslant25$	$d>25$	$d\leqslant25$	$d>25$	$d\leqslant25$	$d>25$
HPB300	一、二级	$45d$	$39d$	—	$35d$	—	$32d$	—	$29d$	—	$28d$	—	$26d$	—	$25d$	—	$24d$	—
	三级	$41d$	$36d$	—	$32d$	—	$29d$	—	$26d$	—	$25d$	—	$24d$	—	$23d$	—	$22d$	—
HRB335 HRBF335	一、二级	$44d$	$38d$	—	$33d$	—	$31d$	—	$29d$	—	$26d$	—	$25d$	—	$24d$	—	$24d$	—
	三级	$40d$	$35d$	—	$30d$	—	$28d$	—	$26d$	—	$24d$	—	$23d$	—	$22d$	—	$22d$	—
HRB400 HRBF400	一、二级	—	$46d$	$51d$	$40d$	$45d$	$37d$	$40d$	$33d$	$37d$	$32d$	$36d$	$31d$	$35d$	$30d$	$33d$	$29d$	$32d$
	三级	—	$42d$	$46d$	$37d$	$41d$	$34d$	$37d$	$30d$	$34d$	$29d$	$33d$	$28d$	$32d$	$27d$	$30d$	$26d$	$29d$
HRB500 HRBF500	一、二级	—	$55d$	$61d$	$49d$	$54d$	$45d$	$49d$	$41d$	$46d$	$39d$	$43d$	$37d$	$40d$	$36d$	$39d$	$35d$	$38d$
	三级	—	$50d$	$56d$	$45d$	$49d$	$41d$	$45d$	$38d$	$42d$	$36d$	$39d$	$34d$	$37d$	$33d$	$36d$	$32d$	$35d$

当为环氧树脂涂层带肋钢筋时，表中数据应乘以 1.25。

当纵向受拉钢筋在施工过程中易受扰动时，表中数据应乘以 1.1。

当锚固长度范围内纵向受力钢筋周边保护层厚度为 $3d$、$5d$ 时，表中数据应乘以 0.8、0.7；中间按内插法。

四级抗震时，$l_{aE}=l_a$。

当锚固钢筋保护层厚度不大于 $5d$ 时，锚固长度范围内应配置横向构造钢筋，其直径不应小于 $d/4$；对梁、柱等杆状构件间距不应大于 $5d$，对板、墙等平面构件间距不大于 $10d$，且均不应小于 100mm，此处 d 为锚固钢筋的直径（见图 1-1）。

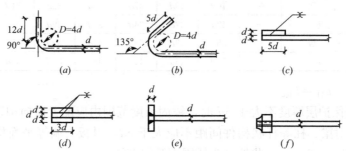

图 1-1　钢筋弯钩和机械锚固的形式

（a）90°弯钩；（b）135°弯钩；（c）一侧贴焊锚筋；（d）两侧贴焊锚筋；（e）穿孔塞焊锚板；（f）螺栓锚头

4. 钢筋的连接

钢筋的连接可采用绑扎搭接、机械连接或焊接连接。

轴心受拉及小偏心受拉构件的受力钢筋不应采用绑扎搭接；当受拉钢筋直径大于 25mm 及受压钢筋直径大于 28mm 时，不宜采用绑扎搭接。纵向受力钢筋连接位置宜避开梁端、柱端箍筋加密区。如必须在此连接时，应采用机械连接或焊接（图 1-2）。

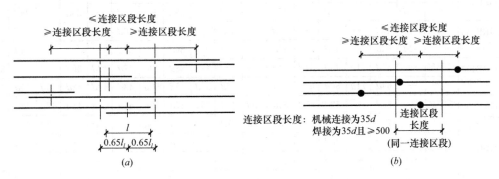

图 1-2　同一连接区段纵向受拉钢筋搭接接头
（a）绑扎搭接接头；（b）机械连接、焊接接头

钢筋绑扎搭接接头连接区段的长度为 1.3 倍搭接长度，凡搭接接头中点位于该连接区段长度内的搭接接头均属于同一连接区段。同一连接区段内纵向受力钢筋搭接接头面积百分率为该区段内有搭接接头的纵向受力钢筋与全部纵向受力钢筋截面面积的比值。

纵向受拉钢筋搭接长度 l_l 见表 1-8。

纵向受拉钢筋搭接长度 l_l　　　　　　　　　表 1-8

钢筋种类及同一区段内搭接钢筋面积百分率		混凝土强度等级																
		C20	C25		C30		C35		C40		C45		C50		C55		C60	
		d≤25	d≤25	d>25	d≤25	d>25	d≤25	d>25	d≤25	d>25	d≤25	d>25	d≤25	d>25	d≤25	d>25	d≤25	d>25
HXRB300	≤25%	47d	41d	—	36d	—	34d	—	30d	—	29d	—	28d	—	26d	—	25d	—
	50%	55d	48d	—	42d	—	39d	—	35d	—	34d	—	32d	—	31d	—	29d	—
	100%	62d	54d	—	48d	—	45d	—	40d	—	38d	—	37d	—	35d	—	34d	—
HRB335 HRBF335	≤25%	46d	40d	—	35d	—	32d	—	30d	—	28d	—	26d	—	25d	—	25d	—
	50%	53d	46d	—	41d	—	38d	—	35d	—	32d	—	31d	—	29d	—	29d	—
	100%	61d	53d	—	46d	—	43d	—	40d	—	37d	—	35d	—	34d	—	34d	—
HRB400 HRBF400 RRB400	≤25%	—	48d	53d	42d	47d	38d	42d	35d	38d	34d	37d	32d	36d	31d	35d	30d	34d
	50%	—	56d	62d	49d	55d	45d	49d	41d	45d	39d	43d	38d	42d	36d	41d	35d	39d
	100%	—	64d	70d	56d	62d	51d	56d	46d	51d	45d	50d	43d	48d	42d	46d	40d	45d
HRB500 HRBF500	≤25%	—	58d	64d	52d	56d	47d	52d	43d	48d	41d	44d	38d	42d	37d	41d	36d	40d
	50%	—	67d	74d	60d	66d	55d	60d	50d	56d	48d	52d	45d	49d	43d	48d	40d	46d
	100%	—	77d	85d	69d	75d	62d	69d	58d	64d	54d	59d	51d	56d	50d	54d	48d	53d

纵向受拉钢筋抗震搭接长度 l_{lE} 见表 1-9。

纵向受拉钢筋抗震搭接长度 l_{lE}　　　　表 1-9

钢筋种类及同一区段内搭接钢筋面积百分率			混凝土强度等级															
			C20		C25		C30		C35		C40		C45		C50		C55		C60	
			d≤25	d>25	d≤25	d>25	d≤25	d>25	d≤25	d>25	d≤25	d>25	d≤25	d>25	d≤25	d>25	d≤25	d>25	d≤25	d>25
一、二级抗震等级	HPB300	≤25%	54d	—	47d	—	42d	—	38d	—	35d	—	34d	—	31d	—	30d	—	29d	—
		50%	63d	—	55d	—	49d	—	45d	—	41d	—	39d	—	36d	—	35d	—	34d	—
	HRB335 HRBF335	≤25%	53d	—	46d	—	40d	—	37d	—	35d	—	31d	—	30d	—	29d	—	29d	—
		50%	62d	—	53d	—	46d	—	43d	—	41d	—	36d	—	35d	—	34d	—	34d	—
	HRB400 HRBF400	≤25%	—	—	55d	61d	48d	54d	44d	48d	40d	44d	38d	43d	37d	42d	36d	40d	35d	38d
		50%	—	—	64d	71d	56d	63d	52d	56d	46d	52d	45d	50d	43d	49d	42d	46d	41d	45d
	HRB500 HRBF500	≤25%	—	—	66d	73d	59d	65d	54d	59d	49d	55d	47d	52d	44d	48d	43d	47d	42d	46d
		50%	—	—	77d	85d	69d	76d	63d	69d	57d	64d	55d	60d	52d	56d	50d	55d	49d	53d
三级抗震等级	HPB300	≤25%	49d	—	43d	—	38d	—	35d	—	31d	—	30d	—	29d	—	28d	—	26d	—
		50%	57d	—	50d	—	45d	—	41d	—	36d	—	35d	—	34d	—	32d	—	31d	—
	HRB335 HRBF335	≤25%	48d	—	42d	—	36d	—	34d	—	31d	—	29d	—	28d	—	26d	—	26d	—
		50%	56d	—	49d	—	42d	—	39d	—	36d	—	34d	—	32d	—	31d	—	31d	—
	HRB400 HRBF400	≤25%	—	—	50d	55d	44d	49d	41d	44d	36d	41d	35d	40d	34d	38d	32d	36d	31d	35d
		50%	—	—	59d	64d	52d	57d	48d	52d	42d	48d	41d	46d	39d	45d	38d	42d	36d	41d
	HRB500 HRBF500	≤25%	—	—	60d	67d	54d	59d	46d	54d	46d	50d	43d	47d	41d	44d	40d	43d	38d	42d
		50%	—	—	70d	78d	63d	69d	57d	63d	53d	59d	50d	55d	48d	52d	46d	50d	45d	49d

任务 3　认知混凝土

1. 混凝土的级别及选用

立方体抗压强度标准值系指按标准方法制作、养护的边长为 150mm 的立方体试件，在 28d 或设计规定龄期以标准试验方法测得的具有 95% 保证率的抗压强度值。混凝土强度等级应按立方体抗压强度标准值确定划分 14 个等级：C15、C20、C25、C30、C35、C40、C45、C50、C55、C60、C65、C70、C75、C80。

素混凝土结构的混凝土强度等级不应低于 C15；钢筋混凝土结构的混凝土强度等级不应低于 C20；采用强度级别 400MPa 及以上的钢筋时，混凝土强度等级不应低于 C25。

承受重复荷载的钢筋混凝土构件，混凝土强度等级不应低于 C30。

预应力混凝土结构的混凝土强度等级不宜低于 C40，且不应低于 C30。

2. 混凝土的耐久性

混凝土结构应根据设计使用年限和环境类别进行耐久性设计，耐久性设计包括下列内容：

确定结构所处的环境类别，见表 1-10；提出材料的耐久性质量要求；确定构件中钢筋的混凝土保护层厚度见表 1-11；满足耐久性要求相应的技术措施；在不利的环境条件下应采取的防护措施；提出结构使用阶段检测与维护的要求。

混凝土结构的环境类别 表 1-10

环境类别	条件
一	室内干燥环境； 无侵蚀性静水浸没环境
二 a	室内潮湿环境； 非严寒和非寒冷地区的露天环境； 非严寒和非寒冷地区与无侵蚀性的水或土壤直接接触的环境； 严寒和寒冷地区的冰冻线以下与无侵蚀性的水或土壤直接接触的环境
二 b	干湿交替环境； 水位频繁变动环境； 严寒和寒冷地区的露天环境； 严寒和寒冷地区冰冻线以上与无侵蚀性的水或土壤直接接触的环境
三 a	严寒和寒冷地区冬季水位变动区环境； 受除冰盐影响环境； 海风环境
三 b	盐渍土环境； 受除冰盐作用环境； 海岸环境
四	海水环境
五	受人为或自然的侵蚀性物质影响的环境

注：1. 室内潮湿环境是指构件表面经常处于结露或湿润状态的环境；
    2. 严寒和寒冷地区的划分应符合国家现行标准《民用建筑热工设计规范》GB 50176 的有关规定；
    3. 海岸环境和海风环境宜根据当地情况，考虑主导风向及结构所处迎风、背风部位等因素的影响，由调查研究和工程经验确定；
    4. 受除冰盐影响环境为受到除冰盐盐雾影响的环境；受除冰盐作用环境指被除冰盐溶液溅射的环境以及使用除冰盐地区的洗车房、停车楼等建筑。

混凝土保护层厚度指最外层钢筋外边缘至混凝土表面的距离如图 1-3 所示。

混凝土最小保护层厚（mm） 表 1-11

环境类别	板、墙	梁、柱
一	15	20
二 a	20	25
二 b	25	35
三 a	30	40
三 b	40	50

注：混凝土强度等级不大于 C25 时，表中保护层厚度数值应增加 5mm。

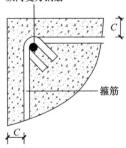

图 1-3 混凝土保护层
（C 为混凝土保护层厚度）

钢筋混凝土基础宜设置混凝土垫层，其底面钢筋的混凝土保护层厚度应从垫层顶面算起，且不应小于 40mm。无垫层时不应小于 70mm。承台底面钢筋保护层厚度尚不应小于桩头嵌入承台内的长度。

当有充分依据并采取下列有效措施时，可适当减小混凝土保护层的厚度。

（1）构件表面设有抹灰层或者其他各种有效的保护性涂料层；

（2）混凝土中采用掺阻锈剂等防锈措施时，可适当减小混凝土保护层厚度，使用阻锈剂应经试验检验效果良好，并应在确定有效的工艺参数后应用；

（3）采用环氧树脂涂层钢筋、镀锌钢筋或采取阴极保护处理等防锈措施时，保护层厚度可适当减小；

（4）当对地下室墙体采取可靠的建筑防水做法或防护措施时，与土壤接触面的保护层厚度可适当减小，但不应小于25mm。

3. 常用钢筋混凝土的构件代号

在建筑工程中，建筑所使用的承重构件种类繁多，如梁、板、柱等；为了图示简明扼要，在结构施工图中常采用代号标注的形式，来表示构件的名称；代号后应用阿拉伯数字标注该构件的型号、编号或序号。常用构件代号见表1-12。

常用构件代号 表1-12

序号	名称	代号	序号	名称	代号	序号	名称	代号
1	板	B	19	圈梁	QL	37	承台	CT
2	屋面板	WB	20	过梁	GL	38	设备基础	SJ
3	空心板	KB	21	连系梁	LL	39	桩	ZH
4	槽行板	CB	22	基础梁	JL	40	挡土墙	DQ
5	折板	ZB	23	楼梯梁	TL	41	地沟	DG
6	密肋板	MB	24	框架梁	KL	42	柱间支撑	DC
7	楼梯板	TB	25	框支梁	KZL	43	垂直支撑	ZC
8	盖板或沟盖板	GB	26	屋面框架梁	WKL	44	水平支撑	SC
9	挡雨板或檐口板	YB	27	檩条	LT	45	梯	T
10	吊车安全走道板	DB	28	屋架	WJ	46	雨篷	YP
11	墙板	QB	29	托架	TJ	47	阳台	YT
12	天沟板	TGB	30	天窗架	CJ	48	梁垫	LD
13	梁	L	31	框架	KJ	49	预埋件	M
14	屋面梁	WL	32	刚架	GJ	50	天窗端壁	TD
15	吊车梁	DL	33	支架	ZJ	51	钢筋网	W
16	单轨吊	DDL	34	柱	Z	52	钢筋骨架	G
17	轨道连接	DGL	35	框架柱	KZ	53	基础	J
18	车挡	CD	36	构造柱	GZ	54	暗柱	AZ

单元 2　识读图纸目录和结构设计总说明

【知识目标】掌握结构设计总说明中的相关概念。
【能力目标】能掌握识读结构设计总说明的方法。
【素质目标】增强学生认知能力。

任务 1　识读图纸目录

当拿到一套结构施工图后，首先看到的第一张图便是图纸目录。图纸目录可以帮我们了解图纸的专业类别、总张数、每张图纸的图名、工程名称、建设单位和设计单位等内容（图 2-1）。

图纸目录的形式由设计单位自己规定，没有统一格式，但大体如上述内容。

顺序	图纸名称	图幅	图号
1	结构设计总说明	A1	S001
2	桩基础平面布置图	1.25A1	S101
3	承台详图	1.25A1	S102
4	基础顶～4.150m 墙柱平面布置图	1.25A1	S201
5	标高 4.150～16.800m 墙柱平面布置图	1.25A1	S202
6	地沟平面布置荜	1.25A1	S203
7	标高 4.150m 梁板配筋图	1.25A1	S302
8	标高 8.350m 梁板配筋图	1.25A1	S303
9	标高 12.550 梁板配筋图	1.25A1	S304
10	标高 16.800m 梁板配筋图	1.25A1	S305
11	楼梯详图	A1	S401

图 2-1　图纸目录

任务 2　识读结构设计总说明

结构设计总说明主要用来说明该图样的设计依据和施工要求，为整套施工图的首页，放在所有施工图的最前面。

凡是直接与工程质量有关的图样上无法表示的内容，往往在图纸上用文字说明表达出来，这些内容是识读图样必须掌握的，需要认真阅读。主要内容包括：

1. 结构概况。如结构类型、层数、结构总高度、±0.000 相对应的绝对标高等。

2. 设计的主要依据。如设计采用的有关规范、上部结构的荷载取值（尤其是荷载规范中没有明确规定或与规范取值不同的活荷载标准值及其作用范围）、采用的地质勘察报告、设计计算所采用的软件、建筑抗震设防类别、建设场地抗震设防烈度、设计基本地震加速度值、所属的设计地震分组以及混凝土结构的抗震等级、人防工程抗力等级、场地土的类别、基本风压值、地面粗糙度类别、设计使用年限、混凝土结构所处的环境类别、结构安全等级等。

3. 地基及基础。如场地土的类别、基础类型、持力层的选用、基础所选用的材料及强度等级、基坑开挖、验槽要求、基坑土方回填、沉降观测点设置与沉降观测要求，若采用桩基础，还应注明桩的类型、所选用桩端持力层、桩端进入持力层的深度、桩身配筋、桩长、单桩承载力、桩基施工控制要求、桩身质量检测的方法及数量要求，地下室防水施工及基础中需要说明的构造要求与施工要求、验收要求以及对不良地基的处理措施与技术要求。

4. 材料的选用及强度等级的要求。如混凝土的强度等级，钢筋的强度等级，焊条、基础砌体的材料及强度等级，上部结构砌体的材料及强度等级等，所选用的结构材料的品种、规格、型号、性能、强度，对地下室、屋面等抗渗要求的混凝土的抗渗等级。

5. 一般构造要求。如钢筋的连接、锚固长度、箍筋要求、变形缝与后浇带的构造做法、主体结构与围护的连接要求等。

6. 上部结构的有关构造及施工要求。如预制构件的制作、起吊、运输、安装要求，梁板中开洞的洞口加强措施，梁、板、柱及剪力墙各构件的抗震等级和构造要求，构造柱、圈梁的设置及施工要求等。

7. 采用的标准图集名称与编号。

8. 其他需要说明的内容。

单元 3 识读某框剪结构办公楼钢筋混凝土基础施工图

任务 1 桩基础结施平面图识读

【知识目标】 掌握桩基础平面布置图及桩构造详图识读方法。

【能力目标】 能理解基础的构造要求，能灵活运用基础构造解决实际问题；能根据环境选择适宜的基础构造方案。

【素质目标】 增强学生信息的综合处理的能力。

【项目与任务描述】

沈阳某公司办公楼为框架—剪力墙结构，地上 5 层，房屋高度为 17.700m，基础为钻孔灌注桩基础。

请以施工单位土建专业技术员的身份，识读钢筋混凝土框架结构桩基础施工图，结合《混凝土结构施工图平面整体表示方法制图规则和构造详图（独立基础、条形基础、筏形基础、桩基础)》16G101-3，了解相应基础构造详图。

【知识链接】

桩基础是最常见的深基础，桩基础是由桩身和承台两部分组成，如图 3-1 所示。

桩可以有多种分类方式，比如按承载形式可分为：端承桩和摩擦桩；按材料可分为：混凝土桩、钢桩及组合桩，一般单独出图表示。

桩承台一般是钢筋混凝土结构，承台有多种形式，如柱下独立桩基承台、箱形承台、筏形承台、柱下梁式承台和墙下条形承台等。常用矩形承台、三桩承台。

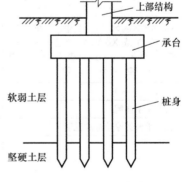

图 3-1 桩基础

子任务 1 桩基础平面布置图识读

1. 桩基承台编号

桩基承台平法施工图，有平面注写与截面注写两种表达方式。而桩基承台又分为独立承台和承台梁。分别按表 3-1、表 3-2 规定编号。

独立承台编号 表 3-1

类型	独立承台截面形状	代号	序号	说明
独立承台	阶形	CT_J	××	单阶截面即为平板式独立承台
	坡形	CT_P	××	

承台梁编号　　　　　　　　　　　　　　　　　表 3-2

类型	代号	序号	跨数及有无外伸
承台梁	CTL	××	（××）端部无外伸 （××A）一端有外伸 （××B）两端有外伸

2. 独立承台的平面注写方式

独立承台的平面注写方式，分集中标注和原位标注两部分（图 3-2）。

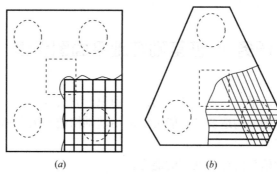

（a）　　　　　　　　　　　　（b）
图 3-2　桩基础承台
（a）矩形独立承台；（b）等腰三桩独立承台

（1）集中标注是在承台平面上集中引注：独立承台编号、截面竖向尺寸、配筋三项必注内容，以及承台底面标高（与承台底面基准标高不同时）和必要的文字注解两项选注内容。

（2）原位标注主要注写平面尺寸（表 3-3）。

平面注写方式　　　　　　　　　　　　　　　　　表 3-3

集中标注说明		
注写形式	表达内容	附加说明
$CT_{J_{××}}$	独立承台编号，包括：代号、序号	
$h_1/h_2/\cdots=××/××/\cdots$	承台竖向尺寸	
B：$\Phi××@×××$；T：$\Phi××@×××$；(X、Y 或 X&Y；$\triangle××\Phi×××3/\Phi××@×××$；$\triangle××\Phi××+××\Phi×××2/\Phi××@×××$)	底部与顶部贯通纵筋强度等级、直径、间距（矩形或多边形表示方式）；等边三桩承台表示方式；等腰三边承台表示方式)	用"B"引导底部贯通纵筋，用"T"引导底部贯通筋。矩形及多边承台用 X 和 Y 表示方向标注正交配筋；三边承台在配筋前加"△"
（×，×××）	注写承台底面标高	承台底面与基准标高不同时标注
必要文字注解		
独立承台的原位标注说明		
x，y，x_c，y_c，x_i，y_i	承台平面尺寸	x，y 为独立承台两向边长；x_c，y_c 为柱截面尺寸，或为 d_c；x_i，y_i 为阶宽或坡形平面尺寸

3. 承台梁的平面注写方式

承台梁的平面注写分集中标注和原位标注两部分。

集中标注的内容为：承台梁编号、截面尺寸、配筋三项必注内容，以及承台梁底面标高（与承台底面基准标高不同时）和必要的文字注解两项选注内容。

具体规定可参照条形基础中基础梁的标注说明，只是编号不同。

【拓展练习】

识读下面桩平面布置图，确定一共有几种类型桩以及桩的个数（图 3-3）。

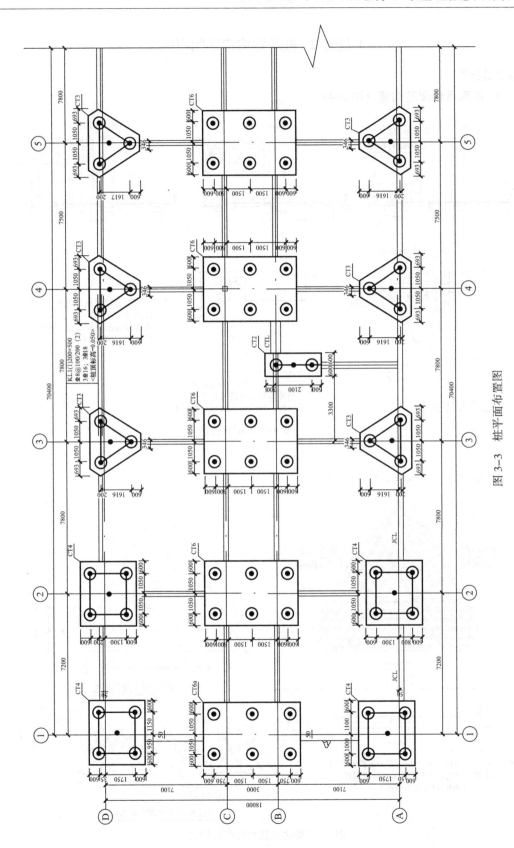

图 3-3 桩平面布置图

子任务2 桩基础构造详图识读

【知识链接】

1. 矩形承台配筋构造（图3-4）

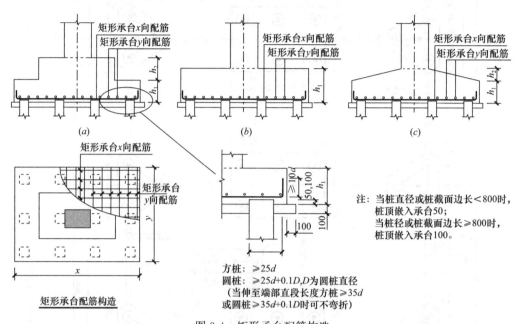

图3-4 矩形承台配筋构造

（a）阶形截面 CT_J；（b）单阶形截面 CT_J；（c）坡形截面 CT_P

2. 等边三边承台配筋构造（图3-5）

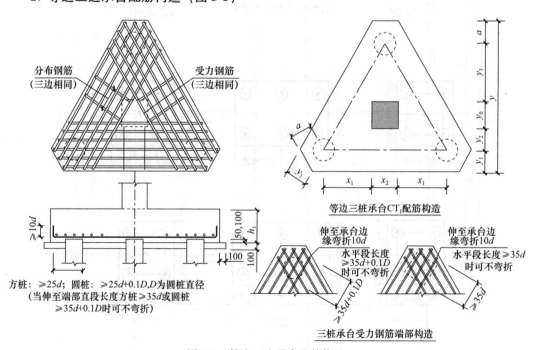

图3-5 等边三边承台配筋构造

3. 等腰三边承台配筋构造（图 3-6）

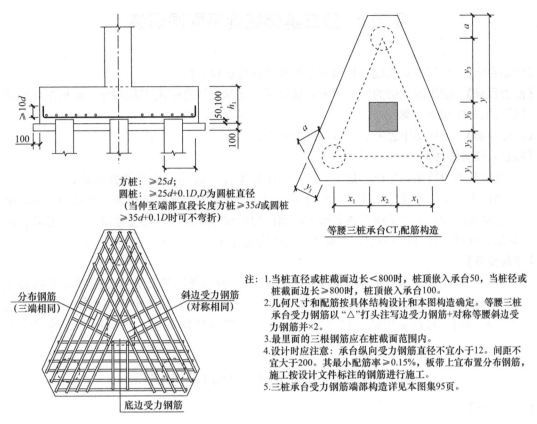

方桩：≥25d；
圆桩：≥25d+0.1D,D 为圆桩直径
（当伸至端部直段长度方桩≥35d 或圆桩
≥35d+0.1D 时可不弯折）

等腰三桩承台 CT1 配筋构造

分布钢筋
（三端相同）

斜边受力钢筋
（对称相同）

底边受力钢筋

注：1.当桩直径或桩截面边长＜800 时，桩顶嵌入承台 50，当桩径或桩截面边长＞800 时，桩顶嵌入承台 100。
2.几何尺寸和配筋按具体结构设计和本图构造确定。等腰三桩承台受力钢筋以"△"打头注写边受力钢筋+对称等腰斜边受力钢筋并×2。
3.最里面的三根钢筋应在桩截面范围内。
4.设计时应注意：承台纵向受力钢筋直径不宜小于 12。间距不宜大于 200。其最小配筋率≥0.15%，板带上宜布置分布钢筋，施工按设计文件标注的钢筋进行施工。
5.三桩承台受力钢筋端部构造详见本图集 95 页。

图 3-6　等腰三边承台配筋构造

【拓展练习】

识读下面桩承台布置详图，叙述承台配筋类型以及承台高度（图 3-7）。

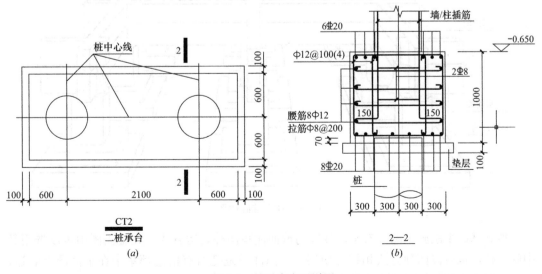

桩中心线

CT2
二桩承台

(a)

墙/柱插筋

6Φ20

Φ12@100(4)

2Φ8

腰筋8Φ12
拉筋Φ8@200

8Φ20

桩

垫层

2—2

(b)

图 3-7　桩承台布置详图

任务 2 独立基础结施平面图识读

【知识目标】 掌握独立基础布置图及基础构造详图识读方法。

【能力目标】 能理解基础的构造要求，能灵活运用基础构造解决实际问题；能根据环境选择适宜的基础构造方案。

【素质目标】 增强学生思考、分析和总结能力。

【项目与任务描述】

沈阳某剪力墙结构建筑，地上 3 层，房屋高度为 6.180m，基础为独立基础。

请以施工单位土建专业技术员的身份，识读钢筋混凝土框架结构独立基础施工图，结合《混凝土结构施工图平面整体表示方法制图规则和构造详图（独立基础、条形基础、筏形基础、桩基础）》16G101-3，了解相应基础构造详图。

【学前储备】

独立基础是柱下基础的基本形式。根据柱子是否为现浇基础分为普通独立基础和杯口独立基础。常用断面形式有阶形和坡形两类。当建筑物上部结构采用墙体承重，但地基土层较弱时，可以采用墙下独立基础。独立基础穿过软土层，支承在下面的结实土层上。

子任务 1 独立基础平面施工图识读

【知识链接】

独立基础施工图，传统的表达方式是基础平面布置图结合基础详图，基础详图是根据正投影图原理表达平面及立面高度尺寸、结构配筋。如图 3-8 所示。

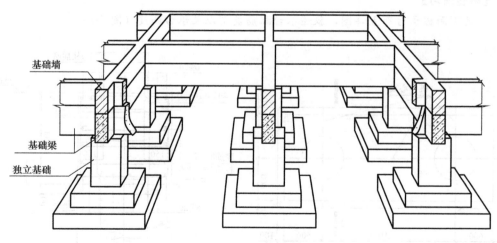

基础墙

基础梁

独立基础

图 3-8 独立基础位置

独立基础平法施工图，有平面注写与截面注写两种表达方式，在施工图中可以选用其中的一种，也可以两种方式相结合使用。平面注写是把所有信息都集中在平面图上表达；截面注写方式与传统表达方式基本相同。

1. 独立基础一般规定

当绘制独立基础平面布置图时，应将独立基础平面与基础所支承的柱一起绘制。当设置基础连梁时，可根据图面的疏密情况，将基础连梁与基础平面布置图一起绘制，或将基础连梁布置图单独绘制。

在独立基础平面布置图上应标注基础定位尺寸；当独立基础中心线或杯口中心线与建筑定位轴线不重合时，应标注其偏心尺寸；对于编号相同且定位尺寸相同的基础，可仅选择一个进行标注。

2. 独立基础编号

当独立基础截面形状为坡形时，其坡面应采用能保证混凝土浇筑、振捣密实的较缓坡度；当采用较陡坡度时，应要求施工采用在基础顶部坡面加模板等措施，以保证独立基础的坡面浇筑成型、振捣密实。各种独立基础编号按表3-4所示。

独立基础编号　　　　　　　　　　　　　　　　　表 3-4

类型	基础底板截面形状	代号	序号	说明
普通独立基础	阶形	DJ_J	××	1. 单阶截面即为平半独立基础。
杯口独立基础	坡形	DJ_P	××	2. 坡形截面基础底板可为四坡、三坡、双坡及单坡
	阶形	BJ_J	××	
	坡形	BJ_P	××	

3. 独立基础平面注写方式

独立基础的平面注写方式，分集中标注和原位标注两部分内容（表3-5、表3-6）。

（1）集中标注内容为：基础编号、截面竖向尺寸、配筋三项必注内容，及基础底面相对标高高差和必要的文字注解两项选注内容；

（2）原位标注的内容为：基础的平面尺寸。素混凝土普通独立基础标注除无基础配筋外其他项目与普通独立基础相同。

集中标注　　　　　　　　　　　　　　　　　表 3-5

集中标注说明：（在基础平面图上集中引出）		
$DJ_J××$ 或 $BJ_J××$ $DJ_P××$ 或 $BJ_P××$	基础编号，具体包括：代号、序号	阶形截面编号加下标 J 坡形截面编号加下标 P
$h_1/h_2……$	普通独立基础截面竖向	若为阶形条基，台阶是只标 h_1，其他情况各阶尺寸自下而上以"/"分隔顺写。
 普通独立基础阶形 DJ_J		 普通独立基础坡形 DJ_P
a_1/a_0, $h_1/h_2/h_3……$	杯口独立基础截面竖向尺寸	a_1/a_0 为杯口内尺寸，h 项含义同普通独立基础
 杯口独基础阶形 BJ_J		 杯口独立基础坡形 BJ_P

续表

B:Xϕ××@×××,Y××@×××或 Sn:××ϕ××或 0:××Φ××/ϕ××@×××/ϕ××@×××,ϕ××@×××	底板底板（B）配筋 X 方向，Y 方向钢筋；杯口顶部焊接钢筋网（Sn）钢筋；高杯口杯壁外侧及短柱（0）角筋，长边中部，箍筋配置	X、Y 为平面坐标方向，正交轴网：从左至右为 X，从下至上为 Y；向心轴网：切向为 X，径向为 Y。Φ：钢筋强度等级符号。"/"：用来分隔高杯口壁外侧及短柱角筋，长边中部，短边中部，箍筋
(x，xxx)	基础底面相对与基础底面基准标高的高差	高者前面加"＋"号，低者前面加"－"号，无高差不注
必要文字注解	设计中的特殊要求	比如底板筋是否采用剪短方式

原位标注　　　　　　　　　　　　　　　　　　　　　　　　　　表 3-6

原位标注说明		
x、y、x_c、y_c、x_i、y_i 或 x、y、x_u、y_u、t_i、x_i、y_i 或 D、d_c、b_i	独立基础两向边长 x、y，柱截面尺寸 x_c、y_c（圆柱为 d_c），阶宽或坡形平面尺寸 x_i、y_i，杯口上口尺寸 x_u、y_u，杯壁厚度 t_i，圆形独立基础外环直径 D，圆形独立基础阶宽或坡形截面尺寸 b_i	X、Y 为平面坐标方向，规定同前：x_u、y_u 按柱截面边长两侧双向各加 75mm，杯口下口尺寸为插入杯口的相应截面边长每边各加 50mm；圆形独立基础截面形式通过编号及竖向尺寸加以区别

【拓展提高】（表 3-7）

多柱独立基础标注　　　　　　　　　　　　　　　　　　　　　　表 3-7

多柱独立基础标注说明（基础编号、几何尺寸和配筋与单柱独立基础相同）		
T:Xϕ××@×××/Xϕ××@×××	双柱间基础顶部配筋（T）：纵向受力筋（梁间受力钢筋）/分布筋强度、直径、间距	对称分布在双柱中心线两侧，非满布时注明总根数，四柱时一般满布
JL××(××B)……	基础梁	注写项目与梁板式条形基础相同
B:Xϕ××@×××,Yϕ××@×××	底板配筋	同单柱独立基础

【拓展练习】

图 3-9 所示某独立基础施工图（局部），该图为普通坡形基础平法施工图平面注写方式的示例，对图 3-9 上的数字和符号含义该怎样理解呢？

4. 独立基础的截面注写方式（图 3-10、图 3-11）

独立基础的截面注写方式又可分为截面标注和列表注写两种表达方式。

（1）采用截面注写方式，应在基础平面布置图上对所有基础进行编号，编号方式同平面注写方式。截面标注的内容和形式与传统"单构件正投影表示方法"基本相同。

（2）采用列表注写的方式对多个同类基础可进行集中表达时，表中内容为基础截面的几何数据和配筋，截面示意图上应标注与表中栏目相对应的代号。

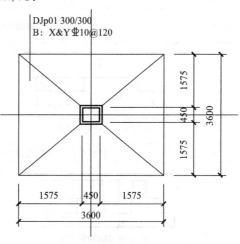

图 3-9 独立基础施工图（局部）

基础尺寸钢筋明细表

基础编号	A(mm)	B(mm)	C	D	L_1(mm)	L_2(mm)	h_1(mm)	h_2(mm)
DJ1	3600	3600	Φ10@120	Φ10@120	3240	3240	300	300
DJ2	2700	2700	Φ10@160	Φ10@160	2430	2430	300	200
DJ3	3200	2500	Φ10@140	Φ10@170	2880	2250	300	250
DJ4	3100	3100	Φ10@150	Φ10@150	2790	2790	300	250
DJ5	3000	3500	Φ10@150	Φ10@120	2700	3150	300	250

注：1.基础底面尺寸大于2500mm者，钢筋长度为0.9倍基础宽度，钢筋交错放置（外侧第一根不减短）。
2.DJ5基础平面定位尺寸详见基础平面图。

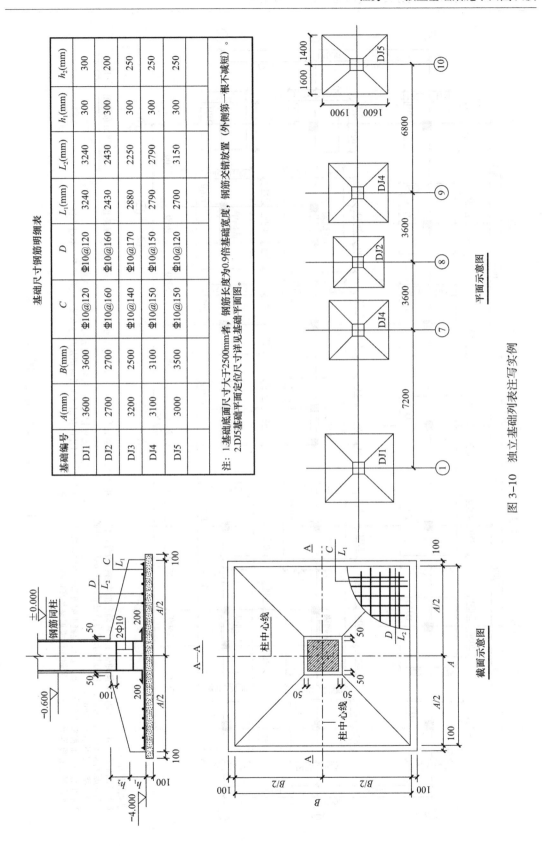

平面示意图

A—A

钢筋同柱

截面示意图

图 3-10　独立基础列表注写实例

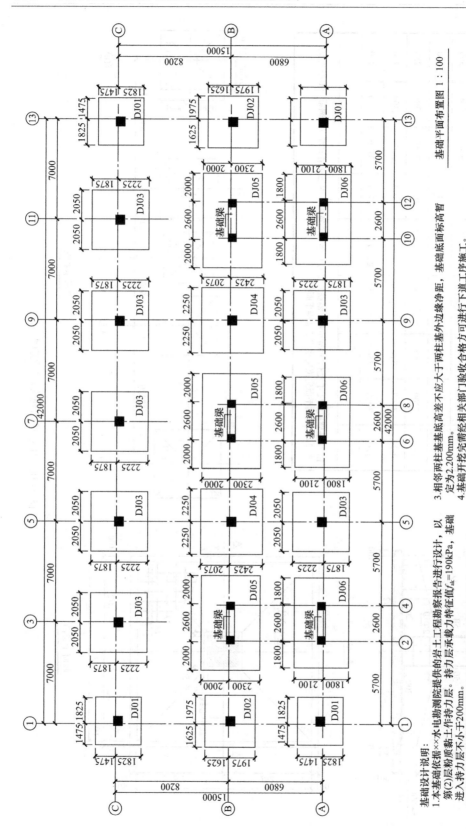

基础平面布置图 1 : 100

基础设计说明：

1.本基础依据××水电勘测院提供的岩土工程勘察报告进行设计，以第(2)层粉质黏土作持力层，持力层承载力特征值f_{ak}=190kPa，基础进入持力层不小于200mm。

2.采用柱下钢筋混凝土独立基础，基础混凝土强度等级为C30，垫层素混凝土强度等级为C15。局部超深仪需调整基础底标高。

3.相邻两柱基底基高差不应大于两柱基外边缘净距，基础底面面标高暂定为2.200mm。

4.基础开挖完需经相关部门验收合格方可进行下道工序施工。

5.对图纸不明处或有相互矛盾时请及时与本设计人员联系。不得盲目施工。

图 3-11　独立基础平法施工图实例

22

子任务 2　独立基础构造详图识读

【知识链接】

1. 独立基础底板配筋构造（图 3-12）

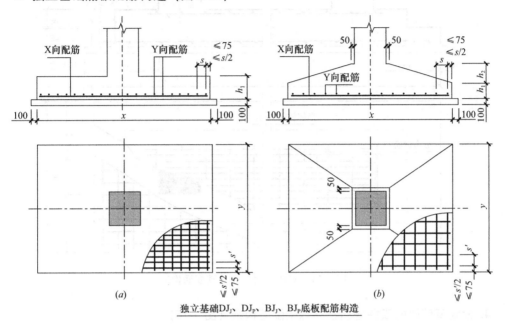

独立基础DJ$_J$、DJ$_P$、BJ$_J$、BJ$_P$底板配筋构造

图 3-12　独立基础底板配筋构造
（a）阶形；（b）坡形

2. 对称独立基础底板配筋长度减短10%构造（图 3-13）

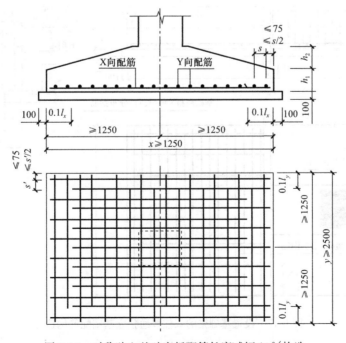

图 3-13　对称独立基础底板配筋长度减短10%构造

3. 双柱普通独立基础配筋构造（图 3-14）

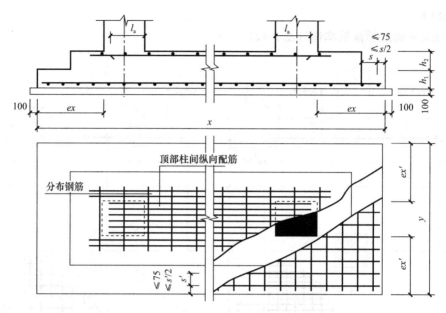

图 3-14　双柱普通独立基础配筋构造

4. 设置基础梁的双柱普通独立基础配筋构造（图 3-15）

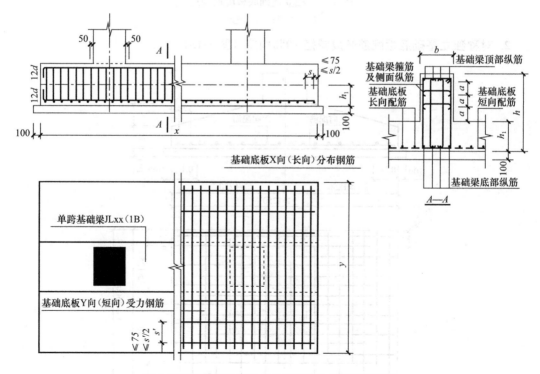

图 3-15　设置基础梁的双柱普通独立基础配筋构造

任务3　筏形基础结施平面图识读

【知识目标】　掌握筏形基础结构施工图识读方法。

【能力目标】　能理解基础的构造要求，能灵活运用基础构造解决实际问题；能根据环境选择适宜的基础构造方案。

【素质目标】　增强学生整体思维的能力。

【项目与任务描述】

沈阳某剪力墙结构，地上5层，房屋高度为17.700m，基础为筏形基础。

请以施工单位土建专业技术员的身份，识读钢筋混凝土框架结构筏形基础施工图，结合《混凝土结构施工图平面整体表示方法制图规则和构造详图（独立基础、条形基础、筏形基础、桩基础）》16G101-3，了解相应基础构造详图。

【学前储备】

当建筑物上部荷载大，而地基又较弱，这时采用简单的条形基础已不能适应地基变形的需要，可以采用筏形基础。

按构造不同筏形基础可分为平板式和梁板式两类。

梁板式按梁与板的相对位置不同又可分为三种不同组合形式的筏形基础："高位板"（梁顶与板顶一平）、"中位板"（板在梁的中部）、"低位板"（梁底与板底一平）。

筏形基础平法施工图，是利用平面图把所有信息都表达在平面图上形成平面注写方式，特别复杂的辅以截面注写方式。

子任务1　梁板式筏形基础平面图识读

【知识链接】

1. 梁板式筏形基础一般规定

（1）当绘制基础平面布置图时，应将所支承的混凝土结构、钢结构、砌体结构，或混合结构的柱、墙平面一起绘制；

（2）应采用表格或其他方式注明筏形基础平板的底面标高，并与结构层高保持统一，以保证地基与基础、柱与墙、梁、板、楼梯等构件按统一的竖向尺寸进行标注；

（3）当梁板式筏形基础的基础梁中心与建筑定位轴线不重合时，应标注其偏心尺寸；

（4）梁板式筏形基础平法施工图将其分解为基础梁和基础底板分别进行表达。

2. 梁板式筏形基础构件编号

梁板式筏形基础由基础主梁、基础次梁、基础平板构成，编号按表3-8规定。

梁板式筏形基础构件编号　　　　　　　　表3-8

构件类型	代号	序号	跨数及有无外伸
基础主梁（柱下）	JL	××	(××) 或 (××A) 或 (××B)
基础次梁	JCL	××	(××) 或 (××A) 或 (××B)
基础平板	LPB	××	

25

3. 基础主梁与基础次梁的平面注写

编号按表3-8注写，其他各项均与条形基础中的基础梁相同。

基础主梁和基础次梁分集中标注与原位标注两部分内容。基础主梁和基础次梁的集中标注内容为：基础梁编号、截面尺寸、配筋三项必注内容，以及基础梁底面标高高差（相对于筏形基础平板底面标高）一项选注内容。

底部非贯通筋的延伸长度，当配置不多于两排时，取自支座边向跨内伸至1/3净跨处；当非贯通筋配置多于两排时，从第三排起向跨内延伸的长度由设计者注明。

【拓展练习】

图3-16所示某筏板基础施工图，叙述基础主梁配筋情况。

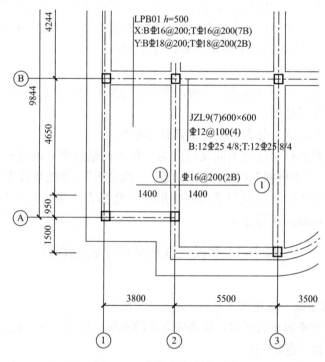

图3-16　某筏形基础施工图

4. 梁板式筏形基础平板的平面注写

梁板式筏形基础平板LPB的平面注写方式，分板底部与顶部贯通纵筋的集中标注和板底部附加非贯通纵筋的原位标注两部分内容。

（1）集中标注内容为：基础平板编号、截面尺寸、底部与顶部贯通纵筋及其总长度。

（2）原位标注的内容为：横跨基础梁下（板支座）的板底部附加非贯通纵筋。

板平法施工图对结构平面坐标作了如下规定：两向轴网正交布置时，从左至右为 X 向，由下至上为 Y 向；当轴网转折时，局部坐标方向顺轴网转折角度作相应转折；当轴网向心布置时，切向为 X 向，径向为 Y 向。

集中标注　　　　　　　　　　　　　　　　　　　　　　　　　　表3-9

集中标注说明：集中标注应在第一跨引出		
注写形式	表达内容	附加说明
LPB××	基础平板编号，包括：代号、序号	为梁板式基础的基础平板
$H=××××$	基础平板厚度	
X:B××@××;T×× @××;(×,×A,×B) Y:B××@××;T×× @××;(×,×A,×B)	X向底部与顶部贯通纵筋强度等级、直径、间距（纵向总长度：跨数及有无外伸）。Y向底部与顶部贯通纵筋强度等级、直径、间距（纵向总长度：跨数及有无外伸）	用"B"引导底部贯通纵筋，用"T"引导底部贯通筋。(×)无外伸仅注跨数；(× A)：一端有外伸；(×B)：两端有外伸

原位标注（表3-10）：

原位标注　　　　　　　　　　　　　　　　　　　　　　　　　　表3-10

板底部附加非贯通筋的原位标注说明：原位标注应在基础梁下相同配筋的第一跨下注写		
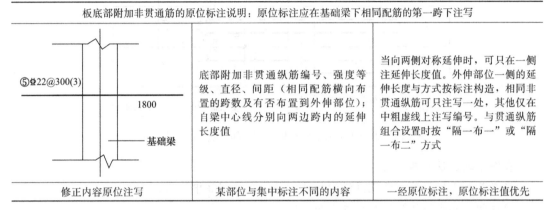	底部附加非贯通纵筋编号、强度等级、直径、间距（相同配筋横向布置的跨数及有否布置到外伸部位）；自梁中心线分别向两边跨内的延伸长度值	当向两侧对称延伸时，可只在一侧注延伸长度值。外伸部位一侧的延伸长度与方式按标注构造，相同非贯通纵筋可只注写一处，其他仅在中粗虚线上注写编号。与贯通纵筋组合设置时按"隔一布一"或"隔一布二"方式
修正内容原位注写	某部位与集中标注不同的内容	一经原位标注，原位标注值优先

【拓展提高】

　　"隔一布一"是指底部附加非贯通纵筋与贯通纵筋交错插空布置，即"隔一根贯通纵筋，布一根非贯通纵筋"，其标注间距与底部贯通纵筋相同（两者实际组合后的间距为各自标注间距的1/2）。非贯通纵筋的直径可以和贯通纵筋相同，也可以不同。施工布置时，第一根钢筋应布置贯通纵筋。图3-17集中标注B⊕20@200，相应某跨的原位标注为⊕20/22@200。

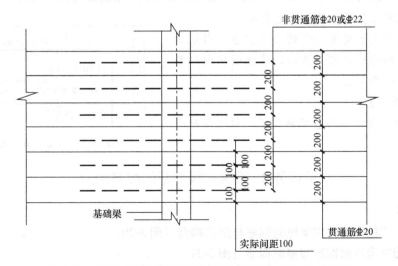

图3-17　梁板式筏形基础平板底部纵筋"隔一布一"分配图

"隔一布二"是指底部附加非贯通纵筋与贯通纵筋每隔一根贯通纵筋，布二根非贯通纵筋，其标注间距有两种，且交替布置，并用"@"符分隔；其中较小间距是较大间距的1/2，为贯通纵筋间距的1/3。非贯通纵筋的直径可以和贯通纵筋相同，也可以不同。施工布置时，第一根钢筋应布置贯通纵筋。图3-18中集中标注BΦ20@300，相应某跨的原位标注为Φ20@100@200。

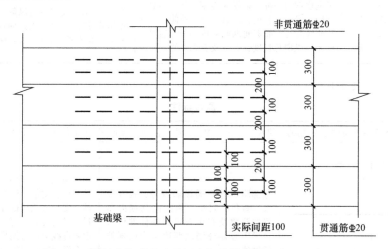

图3-18 梁板式筏形基础平板底部纵筋"隔一布二"分配图

在图中还应注明其他内容：

当在基础平板周边侧面设置纵向构造钢筋，应在图注中注明；

应注明基础平板边缘的封边方式与箍筋；

当基础平板外伸变截面高度时，注明外伸部位的h_1/h_2，h_1为板根部截面高度，h_2为板尽端截面高度；

当某区域板底有标高高差时，应注明其高差值与分布范围；

当基础平板厚度大于2m时，应注明设置在基础平板中部的水平构造钢筋；

当在板中采用拉筋时，注明拉筋的配置及布置方式（双向或梅花双向）；

注明混凝土垫层厚度与强度等级；

结合基础主梁交叉纵筋的上下关系，当基础平板同一层面的纵筋相交叉时，应注明何向纵筋在下，何向纵筋在上。

【拓展练习】

图3-19所示某筏形基础施工图，叙述基础平板配筋情况。

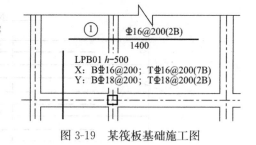

图3-19 某筏板基础施工图

子任务2 梁板式筏形基础配筋构造

【知识链接】

1. 梁板式筏形基础主梁纵向钢筋与箍筋构造（图3-20）

2. 基础次梁纵向钢筋与箍筋构造（图3-21）

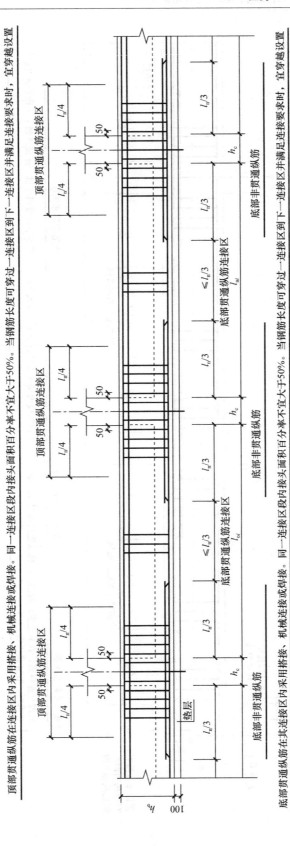

图 3-20　梁板式筏形基础主梁纵向钢筋与箍筋构造

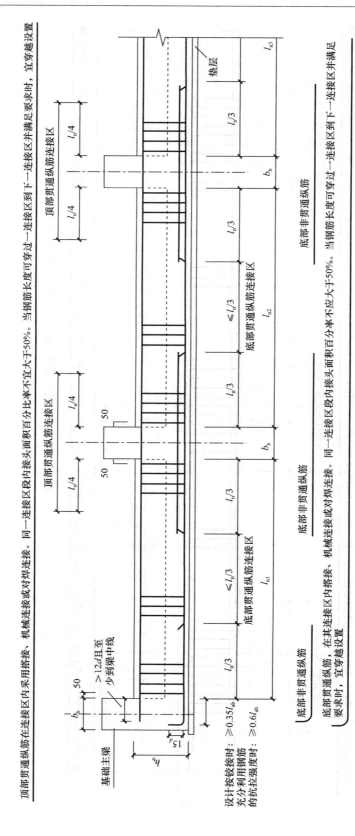

图 3-21　基础次梁纵向钢筋与箍筋构造

3. 基础主梁端部与外伸部位钢筋构造

（1）端部等截面外伸构造（图 3-22）

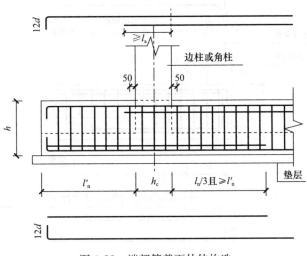

图 3-22　端部等截面外伸构造

（2）端部变截面外伸构造（图 3-23）

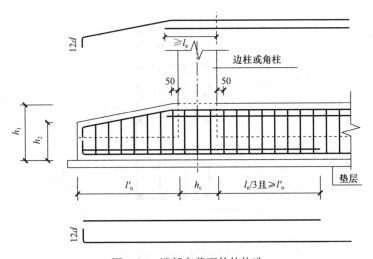

图 3-23　端部变截面外伸构造

（3）端部无外伸构造（图 3-24）

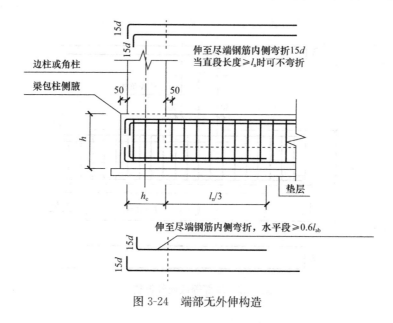

图 3-24 端部无外伸构造

（4）基础梁侧面构造纵筋和拉筋（$a \leqslant 200$）（图 3-25）

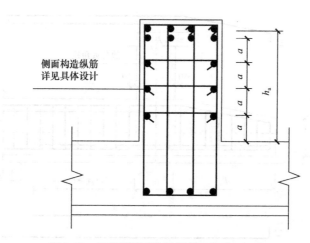

图 3-25 基础梁侧面构造纵筋和拉筋（$a \leqslant 200$）

4. 梁板式筏形基础平板钢筋构造（图 3-26～图 3-30）

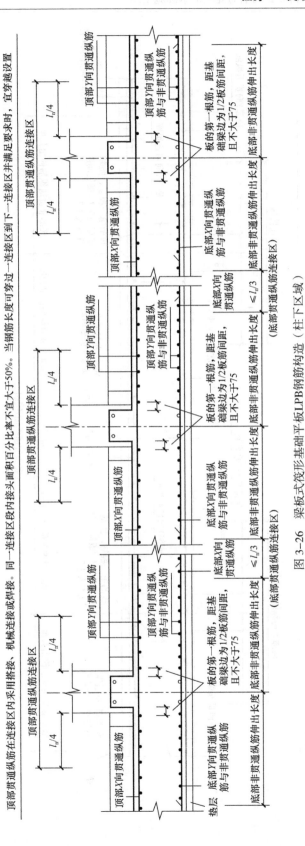

图 3-26 梁板式筏形基础平板 LPB 钢筋构造（柱下区域）

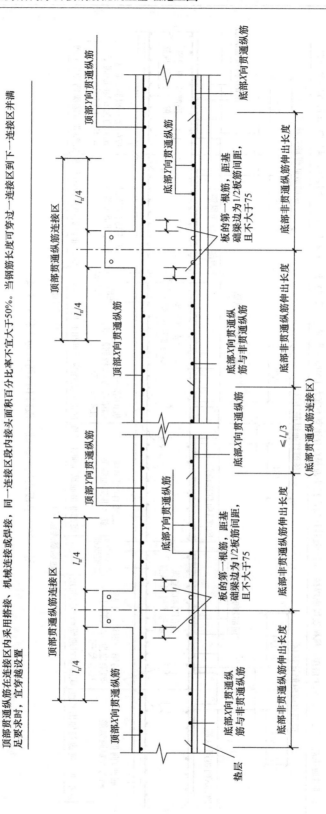

图3-27 梁板式筏形基础平板LPB钢筋构造（跨中区域）

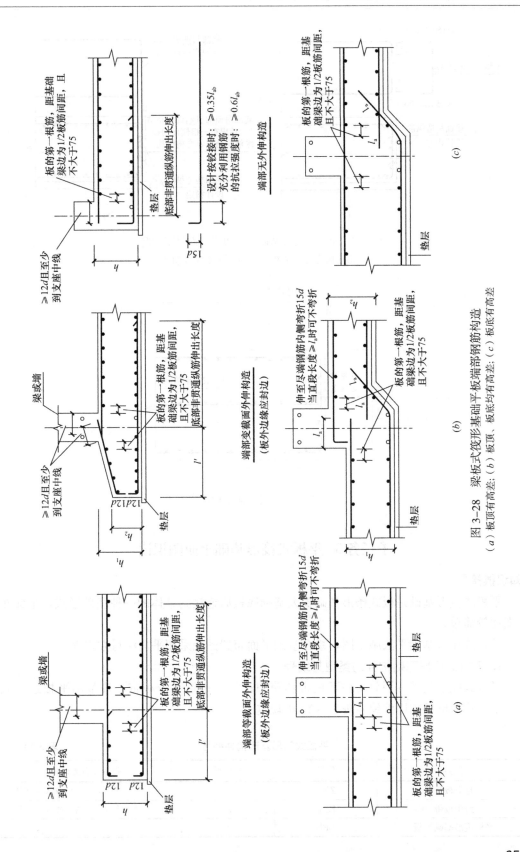

图 3-28　梁板式筏形基础平板端部钢筋构造
(a) 板顶有高差；(b) 板顶、板底均有高差；(c) 板底有高差

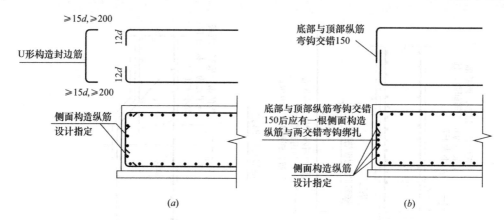

图 3-29 梁板式筏形基础平板边缘侧面封闭构造

(*a*) U 形筋构造封边方式；(*b*) 纵筋弯钩交错封边方式

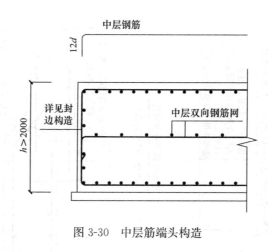

图 3-30 中层筋端头构造

子任务 3 平板式筏形基础平面图识读

【知识链接】

平板式筏形基础是板式条形基础扩大基础底板后连接到整体的一种基础形式，平面布置图比较简单。

平板式筏形基础平法施工图，系在基础平面布置图上采用平面注写方式表达。

1. 平板式筏形基础构件的类型与编号

平板式筏形基础可划分为柱下板带和跨中板带；也可不分板带，按基础平板进行表达。平板式筏形基础构件编号按表 3-11 中规定。

平板式筏形基础构件编号 表 3-11

构件类型	代号	序号	跨数及有无外伸
柱下板带	ZXB	××	（××）或（××A）或（××B）
跨中板带	KZB	××	（××）或（××A）或（××B）
平板筏形基础平板	BPB	××	

2. 柱下板带、跨中板带的平面注写

平板式筏形基础由柱下板带、跨中板带构成；当设计不分板带时，则可按基础平板进行表达。

柱下板带 ZXB 与跨中板带 KZB 的平面注写，分板带底部与顶部贯通纵筋的集中标注与板带底部附加非贯通纵筋的原位标注两部分。

（1）集中标注的内容有：编号、截面尺寸、底部与顶部贯通纵筋。截面尺寸要标注板带的宽度，用 $b=\times\times\times\times$ 表示（基础平板厚度在图注中说明）。

底部与顶部非贯通纵筋的注写规则与布置方式与梁板式筏形基础的基础平板相同。

基础平板 BPB 的平面注写与柱下板带 ZXB、跨中板带 KZB 的平面注写为不同的表达方式，但可以表达同样的内容。平板式筏形基础平板 BPB 的集中标注除编号不同外，其他内容与梁板式筏形基础的基础平板注写规则相同。

（2）原位标注除将延伸长度"自梁中心线"改为"自柱中心线"外其他基本相同。

【拓展练习】

叙述图 3-31 中各配筋含义。

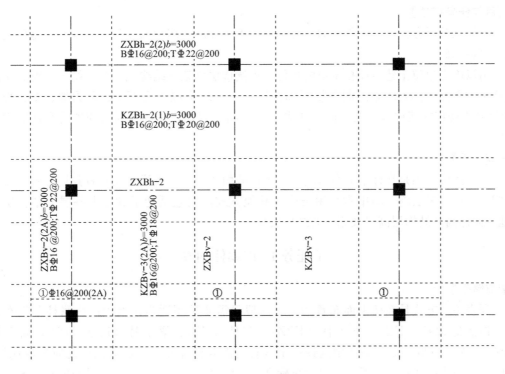

图 3-31　配筋图

单元4 识读某框剪结构办公楼钢筋混凝土柱结构施工图

任务1 柱结施平面图识读

【知识目标】 熟悉柱构件识图的基本知识；掌握柱截面注写方式和列表注写方式。

【能力目标】 能运用柱平法施工图制图规则，识读柱子结构施工图。

【素质目标】 增强学生获取、分析、归纳、总结、交流信息和新技术的能力。

【项目与任务描述】

沈阳某公司办公楼为框架—剪力墙结构，地上5层，房屋高度为17.700m，基础为钻孔灌注桩基础。

请以施工单位土建专业技术员的身份，识读楼层框架柱结构施工图，结合《混凝土结构施工图平面整体表示方法制图规则和构造详图（现浇混凝土框架、剪力墙、梁、板）》16G101-1楼层框架柱施工图平面整体表示方法制图规则，完成柱列表的填写和柱截面图的绘制。

【识读过程】

柱平法施工图是在柱平面布置图上，采用截面注写、列表注写或两者并用方式来表达其配筋。在柱平法施工图中常采用表格或其他方式注明包括地下和地上各层的结构层楼（地）面标高、结构层高以及相应的结构层号。

子任务1 识读柱列表

【学前储备】

列表注写方式是在柱平面布置图上（一般只需要采用适当比例绘制一张柱平面布置图，包括框架柱（KZ）、框支柱（KZZ）、芯柱（XZ）、梁上柱（LZ）和剪力墙上柱（QZ）），分别在同一编号的柱中选择一个（有时需要选择几个）截面标注几何参数代号；同时，在柱表中注写柱编号、柱段起止标高、几何尺寸（含柱截面对轴线的偏心情况）与配筋的具体数值，并配以各种柱截面形状及其箍筋类型图的方式，来表达柱的平法施工图。

【知识链接】 柱列表注写内容包括：

1. 注写柱编号

柱编号由类型代号和序号组成，应符合表4-1。

柱编号		表 4-1
柱类型	代号	序号
框架柱	KZ	××
框支柱	KZZ	××
芯柱	XZ	××
梁上柱	LZ	××
剪力墙上柱	QZ	××

注：编号时，当柱的总高度、分段截面尺寸和配筋均对应相同，仅分段截面与轴线的关系不同时，仍可将其编为同一柱号。

2. 注写各段柱起止标高，自柱根部往上以变截面位置或截面未变但配筋改变处为界分段注写。框架柱及框支柱的根部标高系指基础顶面标高；芯柱的根部系指根据结构实际需要而定的起始位置标高；梁上柱的根部标高系指梁顶面标高；剪力墙上柱的根部标高为墙顶面标高。

3. 对于矩形柱，注写柱截面尺寸 $b×h$ 及与轴线关系的几何参数代号 b_1、b_2 和 h_1、h_2 的具体数值，须对应于各段柱分别注写。其中 $b=b_1+b_2$，$h=h_1+h_2$，当截面的某一边收缩变化至与轴线重合，或偏到轴线的另一侧时，b_1、b_2、h_1、h_2 中的某项为零或负值。

4. 对于圆柱，表中 $b×h$ 一栏改用在圆柱直径数字前加 d 表示。为表达简单，圆柱截面与轴线的关系也用 b_1、b_2 和 h_1、h_2 表示，并使 $d=b_1+b_2=h_1+h_2$。

5. 注写柱纵筋。当柱纵筋直径相同，各边根数也相同时，将纵筋注写在"全部纵筋"一栏中；除此之外，柱纵筋分角筋、截面 b 边中部筋和 h 边中部筋三项分别注写（对称配筋的矩形截面柱可只注写一侧中部筋，对称边省略不注）。

6. 注写箍筋类型号及箍筋肢数，在箍筋类型栏中注写，并在表的上部或图中适当位置绘制柱截面形状及其箍筋类型号（图 4-1）。

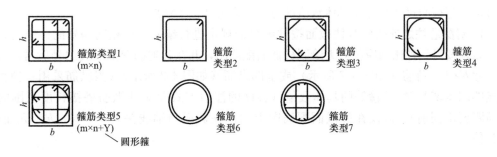

图 4-1 箍筋类型

【拓展提高】

柱箍筋的注写

（1）当为抗震设计时，用斜线"/"区分柱端箍筋加密区与柱身非加密区长度范围内箍筋的不同间距。

【例】 $\phi 10@100/250$，表示箍筋为 HPB300 级钢筋，直径 $\phi 10$，加密区间距为 100mm，非加密区间距为 250mm。

（2）当框架节点核心区内箍筋与柱端箍筋设置不同时，应在括号中注明核心区箍筋直径和间距。

【例】 ϕ10@100/250（ϕ12@100），表示箍筋为 HPB300 级钢筋，直径 ϕ10，加密区间距为 100mm，非加密区间距为 250mm。框架节点核心区内箍筋为 HPB300 级钢筋，直径 ϕ12，加密区间距为 100mm。

（3）当箍筋沿柱全高为一种间距时，则不使用"/"线。

【例】 ϕ10@100 表示箍筋为 HPB300 级钢筋，直径 ϕ10，间距为 100mm，沿柱全高加密。

（4）当圆柱采用螺旋箍筋时，需在箍筋 ϕ 前加"L"。

【例】 Lϕ10@100/200，表示采用螺旋箍筋，HPB300 级钢筋，直径 ϕ10，加密区间距为 100mm，非加密区间距为 200mm。

【拓展练习】

结合上述知识点，识读基础顶到 4.150m 以及 4.150～16.800m 墙柱平面图，完成表 4-2，写出 KZ1 的列表注写内容。

KZ1 列表注写   表 4-2

柱号	标高/m	$b×h$/mm×mm	b_1/mm	b_2/mm	h_1/mm	h_2/mm	角筋	b 边一侧中部筋	h 边一侧中部筋	箍筋型号	箍筋	节点核心区箍筋

子任务 2 识读柱截面图

【知识链接】

截面注写方式系在柱平面布置图的柱截面上，分别在同一编号的柱中选择一个截面，以直接注写截面尺寸和配筋具体数值的方式，来表达柱平法施工图。

1. 对除芯柱之外的所有柱截面按柱编号的规定进行编号，从相同编号的柱中选择一个截面，按另一种比例原位放大绘制柱截面配筋图，并在各配筋图上继其编号后再注写截面尺寸 $b×h$、角筋（如图 4-2 所示）或全部纵筋（如图 4-2 所示）（当纵筋采用一种直径且能够图示清楚时）、箍筋的具体数值（箍筋的注写方式及对柱纵筋搭接长度范围的箍筋间距要求同前），以及在柱截面配筋图上标注柱截面与轴线关系 b_1、b_2、h_1、h_2 的具体数值。

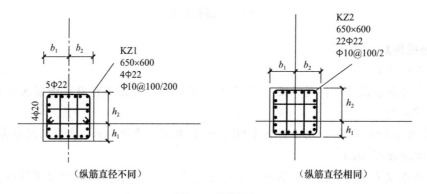

图 4-2 配筋图

2. 当纵筋采用两种直径时，须再注写截面各边中部筋的具体数值（对于采用对称配筋的矩形截面柱，可仅在一侧注写中部筋，对称边省略不注）（如图 4-2 所示）。

3. 当在某些框架柱的一定高度范围内，在其内部的中心位置放置芯柱时，首先按规定编号，在其编号后注写芯柱的起止标高、全部纵筋及箍筋的具体数值。芯柱定位随框架柱，不需注写其与轴线的几何关系。

4. 在截面注写方式中，如柱的分段截面尺寸和配筋均相同，仅分段截面与轴线的关系不同时，可将其编为同一柱号。但此时应在未画配筋的柱截面上注写该柱截面与轴线的关系具体尺寸。

【拓展练习】

结合上述知识点，识读 KZ2 的列表注写，绘出相应的截面图（表 4-3）。

KZ2 列表注写　　　　　　　　　　　　　　　　　　　　　表 4-3

柱号	标高/m	$b \times h$/ mm×mm	b_1/ mm	b_2/ mm	h_1/ mm	h_2/ mm	全部纵筋	角筋	b 边一侧中部筋	h 边一侧中部筋	箍筋型号	箍筋
KZ2	$-0.300\sim3.000$	650×450	200	450	150	300	14 Φ 20				1(5×4)	Φ8@100/200
	3.000～6.000	650×450	200	450	150	300		4 Φ 20	3 Φ 20	2 Φ 18	1(5×4)	Φ8@100/200
	6.000～12.000	600×400	150	450	150	250		4 Φ 20	3 Φ 20	2 Φ 18	1(5×4)	Φ8@100/200

任务 2　绘制柱纵筋剖面图

【知识目标】　熟悉柱构件纵筋构造的基本知识；掌握柱平法施工图制图规则。

【能力目标】　能运用柱平法施工图制图规则，识读柱结构施工图并且能结合柱平法标注内容掌握柱内部纵筋构造要求并能绘出柱纵向剖面图。

【素质目标】　增强学生自学和分析、解决问题能力。

【项目与任务描述】

沈阳某公司办公楼为框架—剪力墙结构，地上 5 层，房屋高度为 17.700m，基础为钻孔灌注桩基础。

请以施工单位土建专业技术员的身份，识读楼层框架柱结构施工图，结合《混凝土结构施工图平面整体表示方法制图规则和构造详图（现浇混凝土框架、剪力墙、梁、板）》16G101-1 楼层框架柱施工图平面整体表示方法制图规则和楼层框架柱纵筋构造要求，绘制柱纵筋剖面图。

【知识链接】

1. 抗震框架柱纵向钢筋的一般连接构造

抗震框架柱纵向钢筋连接的方式有绑扎搭接、机械连接、焊接连接。

（1）抗震框架柱纵向钢筋非连接区位置

1）当嵌固部位于基础顶面时，如图 4-3 所示抗震 KZ 纵向钢筋的连接构造

① 嵌固部位以上非连接区高度为 $\geqslant H_n/3$，H_n 表示框架柱所在楼层的柱净高。

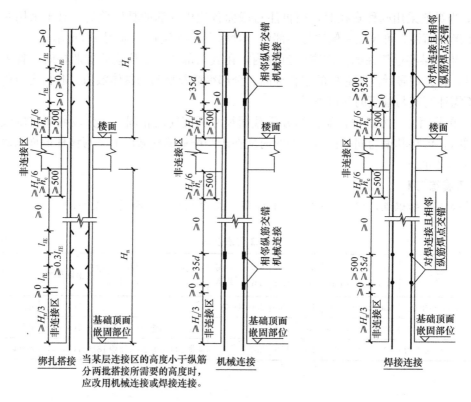

图 4-3 抗震 KZ 纵向钢筋的连接构造

② 楼层梁上下部位范围内的非连接区包括梁底面以下部分、梁截面高度范围内、梁顶面以上部分。梁底面以下部分、梁顶面以上部分非连接区高度均为 $\geqslant H_n/6$、$\geqslant h_c$、$\geqslant 500\text{mm}$，即 $H_n/6$、h_c、500mm 中的较大值，其中 h_c 表示柱截面长边尺寸（圆柱为截面直径），H_n 表示框架柱所在楼层的柱净高。

2）当嵌固部位位于基础顶面以上时，如图 4-4 地下室抗震 KZ 纵向钢筋的连接构造

① 基础顶面以上非连接区长度为 $\geqslant H_n/6$、$\geqslant h_c$、$\geqslant 500\text{mm}$，其中 h_c 表示柱截面长边尺寸（圆柱为截面直径），H_n 表示框架柱所在楼层的柱净高。

② 嵌固部位以上非连接区高度为 $\geqslant H_n/3$，H_n 表示框架柱所在楼层的柱净高。

③ 楼层梁上下部位范围内的非连接区包括梁底面以下部分、梁截面高度范围内、梁顶面以上部分。梁底面以下部分、梁顶面以上部分非连接区高度均为 $\geqslant H_n/6$、$\geqslant h_c$、$\geqslant 500\text{mm}$，即 $H_n/6$、h_c、500mm 中的较大值。

（2）抗震框架柱纵向钢筋连接要求

柱相邻纵向钢筋连接接头相互错开，在同一截面内钢筋接头面积百分率不宜大于 50%。

1）当采用绑扎搭接时，搭接长度为 l_{lE}，相邻纵筋连接点应错开 $0.3l_{lE}$。

2）当采用机械连接时，相邻纵筋连接点应错开 $35d$（d 为较大纵筋的直径）。

3）当采用焊接连接时，相邻纵筋连接点应错开 $\geqslant 35d$ 且 $\geqslant 500\text{mm}$（d 为较大纵筋的直径）。

2. 抗震 KZ 边柱和角柱纵向钢筋构造

（1）柱筋作为梁上部钢筋使用（如图 4-5（a）所示）

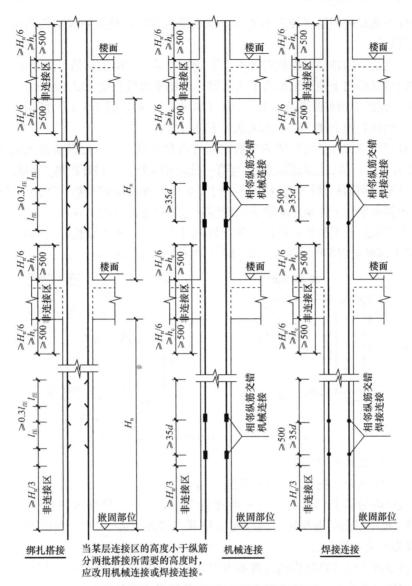

图 4-4　地下室抗震 KZ 纵向钢筋的连接构造

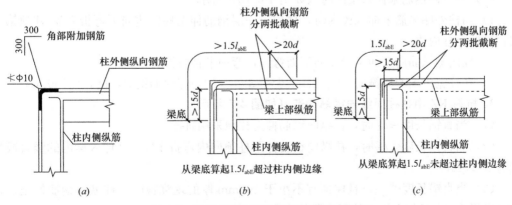

(a)　　　　　　　*(b)*　　　　　　　*(c)*

图 4-5　抗震 KZ 边柱和角柱纵向钢筋构造

1）当柱外侧纵向钢筋直径不小于梁上部钢筋直径时，柱外侧纵向钢筋可直接弯入梁内做梁上部纵筋。

2）在柱宽范围的柱箍筋内侧设置不少于 $3\phi 10$ 的角部附加钢筋，间距≤150mm。

3）柱内侧纵筋向上伸至梁纵筋下面弯锚，弯锚平直段长度 $12d$。

（2）柱外侧纵向钢筋配筋率>1.2%时（如图 4-5（b）、图 4-5（c）所示）

1）柱外侧纵筋向上伸至梁上部纵筋之下进行弯锚。

2）柱外侧纵筋伸入梁内弯锚的纵筋应当分两批截断，第一批纵筋伸入梁内的长度从梁底算起≥$1.5l_{abE}$，第二批纵筋的断点与第一批应相互错开，错开距离≥$20d$。

3）在柱宽范围的柱箍筋内侧设置不少于 $3\phi 10$ 的角部附加钢筋，间距≤150mm。

4）柱内侧纵筋向上伸至梁纵筋下面弯锚，弯锚平直段长度 $12d$。

5）梁上部纵筋伸至柱外侧纵筋内侧弯折至梁底位置，弯折段长度≥$15d$。

（3）梁上部纵向钢筋配筋率>1.2%时（如图 4-6（a）所示）

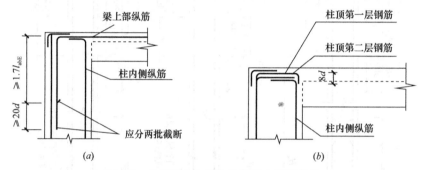

图 4-6 抗震 KZ 边柱和角柱纵向钢筋构造

1）柱外侧纵筋向上伸至柱顶。

2）梁上部纵筋伸至柱外侧纵筋内侧向下弯锚。

3）伸入柱内的梁上部纵筋应当分两批截断，第一批纵筋伸入柱内竖直段长度为≥$1.7l_{abE}$，第二批纵筋的断点与第一批应相互错开，错开距离≥$20d$。当梁上部纵向钢筋为两排时，要先断第二排钢筋。

4）在柱宽范围的柱箍筋内侧设置不少于 $3\phi 10$ 的角部附加钢筋，间距≤150mm。

5）柱内侧纵筋向上伸至梁纵筋下面弯锚，弯锚平直段长度 $12d$。

（4）柱外侧钢筋未伸入梁内时（如图 4-6（b）所示）

1）当柱外侧纵筋未伸入梁内时，柱顶第一层钢筋伸至柱内边向下弯折 $8d$，柱顶第二层钢筋伸至柱内边。

2）柱内侧纵筋向上伸至梁纵筋下面弯锚，弯锚平直段长度 $12d$。

3）在柱宽范围的柱箍筋内侧设置不少于 $3\phi 10$ 的角部附加钢筋，间距≤150mm。

3. 抗震 KZ 中柱柱顶纵向钢筋构造（如图 4-7 所示）

（1）当直锚长度≥l_{aE} 时，柱纵向钢筋伸至柱顶采用直锚。

（2）当直锚长度<l_{aE} 时，柱纵向钢筋伸至柱顶向内弯折 $12d$，且伸入梁内的竖直段长度为≥$0.5l_{abE}$。

（3）当直锚长度<l_{aE}，且柱顶有不小于 100mm 厚的现浇板时，柱纵向钢筋伸至柱顶向外弯折 $12d$，且伸入梁内的竖直段长度为≥$0.5l_{abE}$。

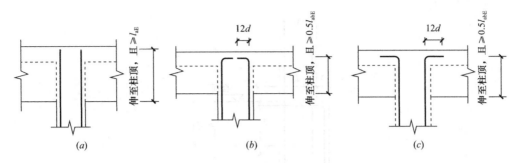

图 4-7 抗震 KZ 中柱柱顶纵向钢筋构造

4. 抗震 KZ 柱变截面位置纵向钢筋构造

（1）当斜率 $\Delta/h_b \leq 1/6$ 时，抗震 KZ 柱纵向钢筋由下柱弯折连续直通至上柱。其中 Δ 为上柱截面缩进尺寸，h_b 为框架梁截面高度（如图 4-8 所示）。

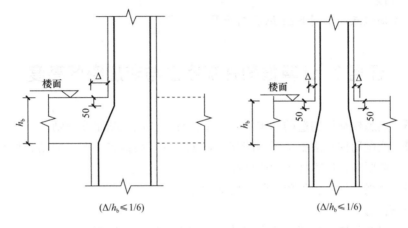

图 4-8 抗震 KZ 柱变截面位置纵向钢筋构造

（2）当斜率 $\Delta/h_b > 1/6$ 时，抗震 KZ 下柱纵筋向上伸至本层柱顶处弯锚，且下柱纵筋竖直段长度为 $\geq 0.5l_{abE}$，弯折段长度为 $12d$。上柱纵筋向下锚入下柱长度为 $1.2l_{aE}$（如图 4-9 所示）。

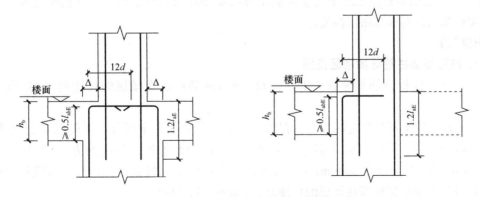

图 4-9 抗震 KZ 柱变截面位置纵向钢筋构造

（3）当抗震 KZ 为边柱，截面变化为 Δ，下柱纵筋向上伸至本层柱顶处弯锚，且下柱纵筋从上柱柱边缘起弯折段长度为 $\geq l_{aE}$。上柱纵筋向下锚入下柱长度为 $1.2l_{aE}$（如图 4-10 所示）。

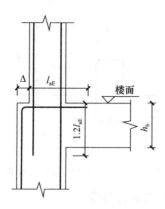

图 4-10 抗震 KZ 柱变截面位置纵向钢筋构造

【拓展练习】

结合上述知识点，绘制 KZ1 纵筋剖面图。

任务 3 计算框架柱加密区与非加密区高度

【知识目标】 熟悉柱箍筋构造的基本知识；掌握柱平法施工图制图规则。

【能力目标】 能运用柱平法施工图制图规则，识读柱子结构施工图；能结合柱平法标注内容和柱箍筋构造要求，计算柱子加密区高度。

【素质目标】 增强学生综合处理实际问题能力。

【项目与任务描述】

沈阳某公司办公楼为框架—剪力墙结构，地上 5 层，房屋高度为 17.700m，基础为钻孔灌注桩基础。

请以施工单位土建专业技术员的身份，识读楼层框架柱结构施工图，结合《混凝土结构施工图平面整体表示方法制图规则和构造详图（现浇混凝土框架、剪力墙、梁、板）》16G101-1 楼层框架柱施工图平面整体表示方法制图规则和楼层框架柱纵筋构造要求，计算框架柱加密区与非加密区高度。

【知识链接】

1. 抗震框架柱箍筋加密区范围

（1）底层柱根箍筋加密区 $\geqslant H_{n/3}$（H_n 表示框架柱所在楼层的柱净高）（如图 4-11 所示）。

（2）楼层梁上下部位范围内的箍筋加密区包括梁底面以下部分、梁截面高度范围内、梁顶面以上部分。梁底面以下部分、梁顶面以上部分非连接区高度均为 $\geqslant H_{n/6}$、$\geqslant h_c$、$\geqslant 500$mm，即 $H_{n/6}$、h_c、500mm 中的较大值，其中 h_c 表示柱截面长边尺寸（圆柱为截面直径），H_n 表示框架柱所在楼层的柱净高。（如图 4-11 所示）

（3）底层为刚性地面时，刚性地面上下各加密 500mm（如图 4-12 所示）。

（4）柱净高与柱截面长边尺寸或圆柱直径形成 $H_n/h_c \leqslant 4$ 的短柱，其箍筋沿柱全高加密。

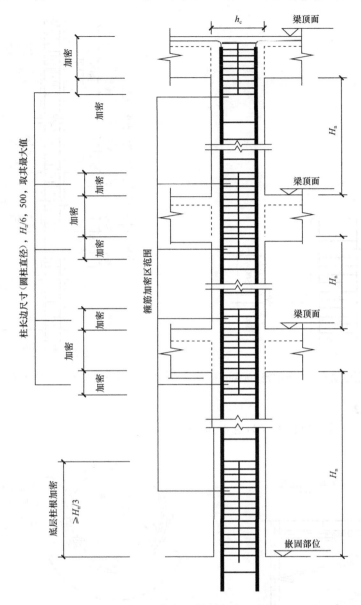

图 4-11　抗震框架柱箍筋加密区范围

2. 地下室抗震框架柱箍筋加密区范围（如图 4-13 所示）

（1）基础顶面以上箍筋加密区长度为 $\geq H_n/6$、$\geq h_c$、$\geq 500mm$，其中 h_c 表示柱截面长边尺寸（圆柱为截面直径），H_n 表示框架柱所在楼层的柱净高。

（2）嵌固部位以上箍筋加密区长度为 $\geq H_n/3$，H_n 表示框架柱所在楼层的柱净高。

（3）楼层梁上下部位范围内的箍筋加密区包括梁底面以下部分、梁截面高度范围内、梁顶面以上部分。梁底面以下部分、梁顶面以上部分非连接区高度均为 $\geq H_n/6$、$\geq h_c$、$\geq 500mm$，即 $H_n/6$、h_c、$500mm$ 中的较大值。

（4）柱净高与柱截面长边尺寸或圆柱直径形成 $H_n/h_c \leq 4$ 的短柱，其箍筋沿柱全高加密。

47

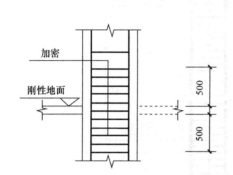

图 4-12　底层刚性地面上下各加密 500mm

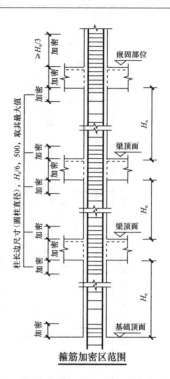

图 4-13　地下室抗震框架柱箍筋加密区范围

【拓展提高】

抗震圆柱螺旋箍筋的构造（如图 4-14 所示）

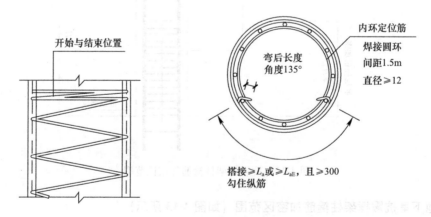

图 4-14　抗震圆柱螺旋箍筋的构造

（1）抗震圆柱螺旋箍筋端部弯折角度为 135°，弯钩平直段长度为 10d 和 75mm 中的较大值。

（2）抗震圆柱螺旋箍筋开始与结束位置应有水平段，长度不小于一圈半。

（3）抗震圆柱螺旋箍筋连接时，搭接长度≥l_{aE}，且≥300mm。

（4）如设内环定位筋，焊接圆环应沿柱每隔 1.5m 设置一道，直径≥12mm。

【拓展练习】

已知 KZ1，基础顶面为嵌固部位，底层柱高为 4.8m，二层柱高为 3m，一层梁高为

700mm，二层梁高为 800mm，结合上述知识点，计算 KZ 一二层柱子加密区及非加密区范围。

任务 4 计算框架柱箍筋根数

【知识目标】 熟悉柱构件箍筋构造的基本知识和柱加密区计算规则，掌握柱箍筋根数计算方法。

【能力目标】 能运用柱平法施工图制图规则，识读柱子结构施工图；能结合柱平法标注内容、箍筋构造要求和加密区计算规则，计算柱子箍筋根数。

【素质目标】 增强学生综合处理实际问题能力。

【项目与任务描述】

沈阳某公司办公楼为框架-剪力墙结构，地上 5 层，房屋高度为 17.700m，基础为钻孔灌注桩基础。

请以施工单位土建专业技术员的身份，识读楼层框架柱结构施工图，结合《混凝土结构施工图平面整体表示方法制图规则和构造详图（现浇混凝土框架、剪力墙、梁、板）》16G101-1 楼层框架柱施工图平面整体表示方法制图规则和楼层框架柱纵筋构造要求，计算楼层框架柱加密区高度及箍筋根数。

【知识链接】

1. 加密区箍筋根数计算：

（1）柱中上、下端第一根箍筋位置图 4-15，按照《混凝土结构施工钢筋排布规则与构造详图》12G901-1 规定：

① 柱下端第一根箍筋距柱底 50mm；

② 柱上端第一根箍筋距梁底 50mm；

③ 梁柱交叉区上端第一根箍筋距梁顶 50mm；

④ 梁柱交叉区下端第一根箍筋距梁底 50mm。

（2）加密区箍筋根数布置

$$公式：\frac{加密区高度-50}{加密区箍筋间距}+1$$

注：如不能取整，必须超过加密区高度，不能低于加密区高度。

2. 梁柱交叉区箍筋根数

$$公式：\frac{梁高-50\times2}{交叉区加密区间距}+1$$

3. 非加密区箍筋根数

$$公式：\frac{非加密区高度}{非加密区间距}-1$$

【例】 已知 KZ-3，底层柱 $H=4.8m$，$Hn=4100mm$，梁高 $h=700mm$，上端加密区高度为 800mm，下端加密区高度为 1400mm，加密区间距为 100mm，非加密区间距为 150mm，求 KZ-3，底层柱的箍筋根数。

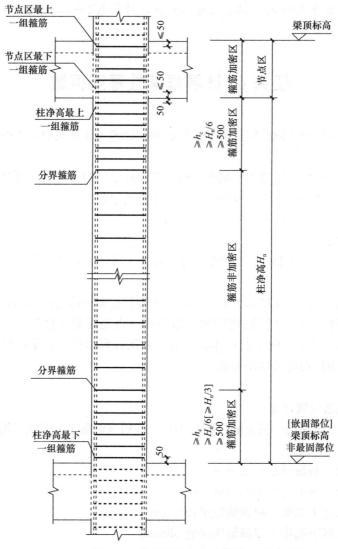

图 4-15　柱箍筋排布构造详图

【解】　① 梁柱交叉区的箍筋根数 $\dfrac{700-50\times 2}{100}+1=7$　　　取 7 根

② 柱上端加密区箍筋根数 $\dfrac{800-50}{100}+1=8.5$　　　取 9 根

③ 柱下端加密区箍筋根数 $\dfrac{1400-50}{100}+1=14.5$　　　取 15 根

④ 中部非加密区箍筋根数 $\dfrac{4100-850-1450}{150}-1=11$　　取 11 根

底层柱箍筋根数 = 7+9+15+11 = 42 根

【拓展练习】

已知 KZ-3，二层柱 $H=3\text{m}$，$H_n=2200\text{mm}$，梁高 $h=800\text{mm}$，上端加密区高度为 800mm，下端加密区高度为 800mm，加密区间距为 100mm，非加密区间距为 150mm，求 KZ-3，二层柱的箍筋根数。

单元5 识读某框剪结构办公楼钢筋混凝土梁平法施工图

任务1 识读钢筋混凝土框架梁平法施工图

【知识目标】 掌握梁平法施工图制图规则，掌握梁平法施工图的识读方法。

【能力目标】 能运用梁平法施工图制图规则，识读施工图，并明确标注内容的含义。

【素质目标】 增强学生自学和分析、解决问题能力。

【项目与任务描述】

沈阳某公司办公楼为框架—剪力墙结构，地上5层，房屋高度为17.700m，基础为钻孔灌注桩基础。

请以施工单位土建专业技术员的身份，识读梁结构施工图，结合《混凝土结构施工图平面整体表示方法制图规则和构造详图（现浇混凝土框架、剪力墙、梁、板）》16G101-1梁施工图平面整体表示方法制图规则，撰写梁平法施工图识图报告。

【学前储备】

掌握《混凝土结构施工图平面整体表示方法制图规则和构造详图（现浇混凝土框架、剪力墙、梁、板）》16G101-1中的梁平法施工图制图规则。

【识读过程】

梁平法施工图是在梁平面布置图上，采用平面注写方式或截面注写方式或两者并用来表达其配筋。在梁平法施工图中常采用表格或其他方式注明包括地下和地上各层的结构层楼（地）面标高、结构层高以及相应的结构层号。

【知识链接】 平面注写方式

平面注写方式是在梁平面布置图上，分别在不同编号的梁中各选择一根梁，在其上直接注写梁几何尺寸和配筋具体数值的方式表达梁平法施工图。梁平法施工图平面注写方式包括集中标注和原位标注。集中标注表达梁的通用数值，原位标注表达梁的特殊数值。当集中标注中的某项数值不适用于梁的某部位时，则将该数值进行原位标注，施工时，原位标注的数值优先使用（图5-1）。

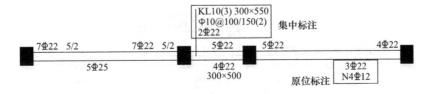

图5-1 标高4.150mKL10配筋图

1. 集中标注的内容 梁集中标注的内容（可以从梁的任意一跨引出）主要包括梁编号、梁截面尺寸、梁箍筋、梁上部通长筋或架立筋根数及梁侧面纵向构造钢筋或受扭钢筋配置等五项必注值，梁顶面标高高差一项为选注值。

（1）梁编号 平面标注梁时，应将各梁逐一编号，梁编号要由梁类型代号、序号、跨数及有无悬挑代号几项组成，应符合表的规定（图5-2，表5-1）。

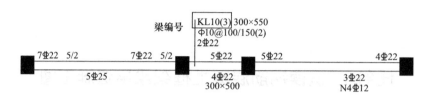

图 5-2 标高 4.150mKL10 配筋图

KL10（3）表示第 10 号框架梁，3 跨，无悬挑。

梁编号　　　　　　　　　　　　　　　　　　表 5-1

梁类型	代号	序号	跨数及是否带有悬挑
楼层框架梁	KL	××	（××）或（××A）或（××B）
屋面框架梁	WKL	××	（××）或（××A）或（××B）
框支梁	KZL	××	（××）或（××A）或（××B）
非框架梁	L	××	（××）或（××A）或（××B）
悬挑梁	XL	××	
井字梁	JZL	××	（××）或（××A）或（××B）

注：（××A）为一端悬挑；（××B）为两端悬挑；悬挑不计入跨数。

（2）梁截面尺寸 若为等截面梁时，用 $b×h$ 表示（图5-3）。

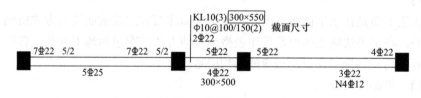

图 5-3 标高 4.150mKL10 配筋图

300×550 表示梁的截面宽度是 300mm，高度为 550mm。

（3）梁箍筋 梁箍筋包括钢筋级别、直径、加密区与非加密区间距及肢数。箍筋的加密区和非加密区的不同间距及肢数需用斜线"/"分隔；当梁箍筋为同一种间距及肢数时，则不需用斜线（图5-4）。

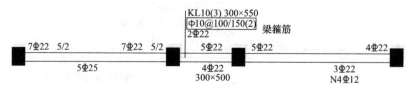

图 5-4 标高 4.150mKL10 配筋图

Φ10@100/150（2），表示箍筋为HPB300级钢筋，直径10mm，加密区间距为100mm，非加密区间距为150mm，均为两肢箍。

（4）梁上部通长筋（图5-5）

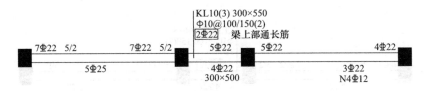

图5-5　标高4.150mKL10配筋图

梁上部通长筋注写值为2Φ22表示梁上部角筋为2根直径为22mm的HRB400级钢筋。

（5）梁侧面纵向受扭钢筋

当梁侧面需配置受扭纵向钢筋时，此项注写值以大写字母N打头，然后注写配置在梁两个侧面的总配筋值，且对称配置。受扭纵向钢筋应满足梁侧面纵向构造钢筋的间距要求，且不再重复配置纵向构造钢筋。梁侧面受扭纵向钢筋，其搭接长度为 l_l 或 l_{lE}；其锚固长度和方式与框架梁下部纵筋的要求相同（图5-6）。

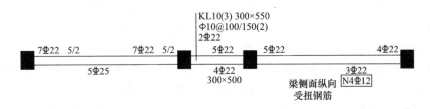

图5-6　标高4.150mKL10配筋图

N4Φ12，表示梁的两个侧面共配置4Φ12的受扭纵向钢筋，每侧各配置2Φ12。

（6）梁顶面标高高差　梁顶面标高高差即相对于结构层楼面标高的高差值；对于位于结构层夹层的梁则指相对于结构夹层楼面标高的高差。若有高差时，需将其写入括号内；无高差时不注写。当梁的顶面高于所在楼层的结构标高时，其标高高差为正值，反之为负值。

【例】　某楼层结构标高为44.950m，当某梁的梁顶面标高高差注写为（-0.050）时，则表明该梁顶面标高相对于44.950m低0.05m。

2. 梁原位标注的内容　梁原位标注主要包括梁支座的上部纵筋（含通长筋）、梁的下部纵筋、附加箍筋或吊筋等，当采用原位标注时，必须注意如下事项：

（1）支座上部纵筋（含通长筋）。

① 当上部纵筋多于一排时，用斜线"/"将各排纵筋自上而下分开（图5-7）。

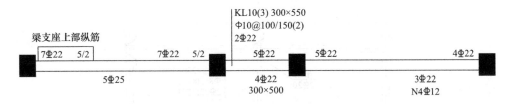

图5-7　标高4.150mKL10配筋图

梁支座上部纵筋注写为 7Φ22　5/2，则表示上一排纵筋为 5Φ22，下一排纵筋为
2Φ22。

② 当梁某跨支座与跨中的上部纵筋相同，可仅在上部跨中注写一次，支座省去不注
（图 5-8）。

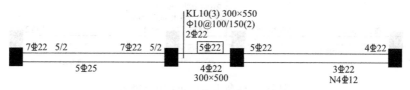

图 5-8　标高 4.150mKL10 配筋图

（2）梁下部纵筋

① 当下部纵筋多于一排时，用斜线"/"将各排纵筋自上而下分开。

【例】　梁下部纵筋注写为 6Φ25　2/4，则表示上一排纵筋为 2Φ25，下一排纵筋为
4Φ25，全部伸入支座。

② 当同排纵筋有两种直径时，用加号"＋"号将两种直径的纵筋相联，注写时角筋
写在前面。

③ 当梁下部纵筋不全部伸入支座时，将梁支座下部纵筋减少的数量写在括号内。

【例】　梁下部纵筋注写为 6Φ25　2(−2)/4，则表示上排纵筋为 2Φ25，且不伸入支
座；下一排纵筋为 4Φ25，全部伸入支座。

【例】　梁下部纵筋注写为 2Φ25＋3Φ22(−3)/5Φ25，则表示上排纵筋为 2Φ25 和
3Φ22，其中 3Φ22 不伸入支座；下一排纵筋为 5Φ25，全部伸入支座。

④ 当梁的上部纵筋和下部纵筋均为全跨相同，且多数跨配筋相同时，在梁的集中标
注中，已经将上部与下部纵筋的配筋值用分号"；"分隔用来分别注写了梁上、下部纵筋
值，则不需在梁下部重复做原位标注。

（3）附加箍筋或吊筋　可将附加箍筋或吊筋直接画于平面图中的主梁上，用线引注总
配筋值（如图 5-9 所示），当多数附加箍筋或吊筋相同时，可在梁平面整体配筋图上统一
说明，少数与图 5-10 统一注明值不同时，再原位引注。

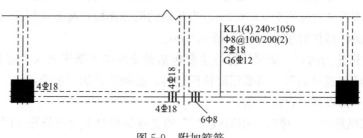

图 5-9　附加箍筋

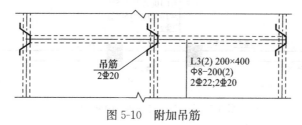

图 5-10　附加吊筋

（4）当在梁上集中标注的内容（即梁截面尺寸、箍筋、上部通长筋或架立筋，梁侧构造钢筋或受扭纵向钢筋，以及梁顶面标高高差中的某一项或几项数值）不适用于某跨或某悬挑部分时，应将其不同数值原位标注在该跨或该悬挑部分处，施工时应以原位标注的数值为准。

对于多跨梁的集中标注已注明加腋，而该梁某跨的根部却不需要加腋时，则应在该跨原位标注等截面的 $b \times h$，以修正集中标注中的加腋信息。

【拓展提高】

1. 特殊截面梁

当为竖向加腋梁时，用 $b \times h$　$GYc_1 \times c_2$ 表示，其中 c_1 为腋长，c_2 为腋高，如图 5-11（a）所示；当为水平加腋梁时，用 $b \times h$　$PYc_1 \times c_2$ 表示，其中 c_1 为腋长，c_2 为腋高，如图 5-11（b）所示。

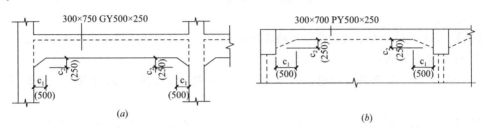

图 5-11 特殊截面梁

（a）竖向加腋梁；（b）水平加腋梁

当有悬挑梁且根部和端部的高度不同时，用斜线分隔根部与端部的高度值，即 $b \times h_1 / h_2$，如图 5-12 悬挑梁所示。

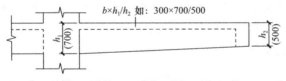

图 5-12 悬挑梁

2. 梁箍筋肢数不同时的表示方法

当加密区和非加密区的箍筋肢数相同时，则将肢数注写一次；箍筋肢数写在括号内。例Φ10@100（4）/150（2），表示箍筋为 HPB300 级钢筋，直径 10mm，加密区间距为 100mm，四肢箍；非加密区间距为 150mm，两肢箍。

3. 梁箍筋肢数与间距均不同时的表示方法

当抗震结构中的非框架梁、悬挑梁，及非抗震结构中的各类梁采用不同的箍筋间距及肢数时，也用斜线"/"分隔开来。注写时，先注写梁支座端部的箍筋（包括箍筋的箍数、钢筋级别、直径、间距与肢数），在斜线后注写梁跨中部分的箍筋间距及肢数。

【例】 13Φ10@150/200（4），表示箍筋为 HPB300 级钢筋，直径Φ10；梁的两端各有 13 个四肢箍，间距为 150mm；梁跨中部分，间距为 200mm，四肢箍。

【例】 18Φ12@150（4）/200（2），表示箍筋为 HPB300 级钢筋，直径Φ12；梁的两端各有 18 个四肢箍，间距为 150mm；梁跨中部分，间距为 200mm，双肢箍。

4. 梁上部架立筋

当同排纵筋中既有通长筋又有架立筋时，应用加号"＋"将通长筋和架立筋相连，其中角部纵筋写在加号的前面，架立筋写在加号后面的括号内。

　【例】　2$\underline{\Phi}$22＋(4Φ12)，表示2$\underline{\Phi}$22为通长筋，4Φ12为架立筋。

　5. 梁的上部、下部纵筋为全跨相同时的表示方法

　当梁的上部纵筋和下部纵筋均为全跨相同，且多数跨配筋相同时，此项可加注下部纵筋的配筋值，用分号"；"将上部与下部纵筋的配筋值分隔开来；少数跨不同者，应按前述方法处理。

　【例】　3$\underline{\Phi}$25；3$\underline{\Phi}$22表示梁的上部配置3$\underline{\Phi}$25的通长筋，梁的下部配置3$\underline{\Phi}$22的通长筋。

　6. 梁侧面纵向构造钢筋

　当梁腹板高度$h_w \geqslant 450$mm时，须设置纵向构造钢筋。此项必注值以大写字母G打头，接续注写设置在梁两侧面的总配筋值，且对称配置。梁侧面构造钢筋，其搭接与锚固长度均为$15d$。

　【例】　G4Φ12，表示梁的两个侧面共配置4Φ12的纵向构造钢筋，每侧各配置2Φ12。

　7. 梁支座上部纵筋

　① 当同排纵筋有两种直径时，用加号"＋"将两种直径的纵筋相联，注写时角筋写在前面。

　【例】　梁支座上部纵筋注写为2$\underline{\Phi}$25＋2$\underline{\Phi}$22，则表示梁支座上部有四根纵筋，2$\underline{\Phi}$25放在角部，2$\underline{\Phi}$22放在中部。

　② 当梁中间支座两边的上部纵筋不同时，须在支座的两边分别标注；当梁中间支座两边的上部纵筋相同时，可仅在支座的一边标注配筋值，另一边可略去不注。

　【知识链接】　截面注写方式

　截面注写方式是在标准层绘制的梁平面布置图（图5-13）上，分别在不同编号的梁中各选择一根梁，在用剖面号引出的截面配筋图（图5-14）上注写截面尺寸和配筋具体数值的方式来表达梁平法施工图。

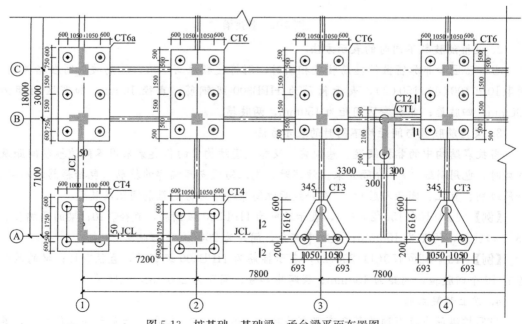

图5-13　桩基础、基础梁、承台梁平面布置图

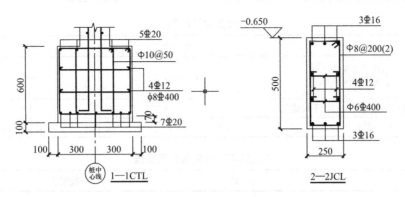

图 5-14　基础梁、承台梁截面图

任务 2　绘制框架梁截面图

【知识目标】　掌握梁平法施工图制图规则，掌握梁平法施工图的识读方法。

【能力目标】　能运用梁平法施工图制图规则，识读施工图，并绘制梁支座、跨中截面图。

【素质目标】　增强学生灵活处理实际问题能力。

【项目与任务描述】

　　沈阳某公司办公楼为框架-剪力墙结构，地上 5 层，房屋高度为 17.700m，基础为钻孔灌注桩基础。

　　请以施工单位土建专业技术员的身份，识读梁结构施工图，结合 16G101-1 梁施工图平面整体表示方法制图规则，绘制梁支座、跨中截面图。

【学前储备】

　　掌握 16G101-1 中的梁平法施工图制图规则。

【绘制过程】

　　梁截面图的绘制内容：截面轮廓，尺寸标注，标高标注，纵筋、箍筋、拉筋的绘制及标注（图 5-15）。

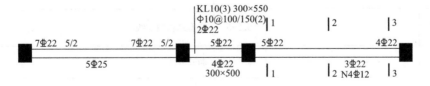

图 5-15　标高 4.150mKL10 配筋图

1. 绘制第三跨梁支座截面 1-1 轮廓（图 5-16）

【知识链接】　绘图时常用比例（表 5-2）

【知识链接】　建筑结构专业制图常用图线（表 5-3）

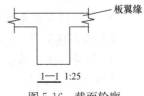

图 5-16　截面轮廓

绘图常用比例　　　　　　　　　　　　　　　　　　　　　　　　表 5-2

图名	常用比例	可用比例
结构平面图 基础平面图	1：50，1：100，1：150	1：60，1：200
圈梁平面图，总图中管沟、地下设施等	1：200，1：500	1：300
详图	1：10，1：20，1：50	1：5，1：30，1：25

建筑结构专业制图常用图线　　　　　　　　　　　　　　　　　表 5-3

名称		线型	线宽	一般用途
实线	粗	——————	b	螺栓、钢筋线、结构平面图中的单线结构构件线，钢木支撑及系杆线、图名下横线、剖切线
	中粗	—— —— ——	$0.7b$	结构平面图及详图中剖到或可见的墙身轮廓线、基础轮廓线、钢、木结构轮廓线、钢筋线
	中	—— —— ——	$0.5b$	结构平面图及详图中剖到或可见的墙身轮廓线、基础轮廓线、可见的钢筋混凝土构件轮廓线、钢筋线
	细	————————	$0.25b$	标注引出线、标高符号线、索引符号线、尺寸线
虚线	粗	- - - - - -	b	不可见的钢筋线、螺栓线、结构平面图中不可见的单线结构构件线及钢、木支撑线
	中粗	- - - - -	$0.7b$	结构平面图中的不可见构件、墙身轮廓线及不可见钢、木结构构件线、不可见的钢筋线
	中	- - - - -	$0.5b$	结构平面图中的不可见构件、墙身轮廓线及不可见钢、木结构构件线、不可见的钢筋线
	细	- - - - - -	$0.25b$	基础平面图中的管沟轮廓线、不可见的钢筋混凝土构件轮廓线
单点长画线	粗	—— · —— · ——	b	柱间支撑、垂直支撑、设备基础轴线图中的中心线
	细	—— · —— · ——	$0.25b$	定位轴线、对称线、中心线、重心线
双点长画线	粗	—— ·· —— ·· ——	b	预应力钢筋线
	细	—— ·· —— ·· ——	$0.25b$	原有结构轮廓线
折断线		——／\——	$0.25b$	断开界线
波浪线		∿∿∿∿	$0.25b$	断开界线

2. 第三跨梁支座截面 1-1 尺寸标注（图 5-17）

【知识链接】 尺寸标注

1. 尺寸界线、尺寸线及尺寸起止符号

（1）图样上的尺寸，包括尺寸界线、尺寸线、尺寸起止符号和尺寸数字（图 5-18）。

（2）尺寸界线应用细实线绘制，一般应与被注长度垂直，其一端应离开图样轮廓线不小于 2mm，另一端宜超出尺寸线 2～3mm。图样轮廓线可用作尺寸界线（图 5-19）。

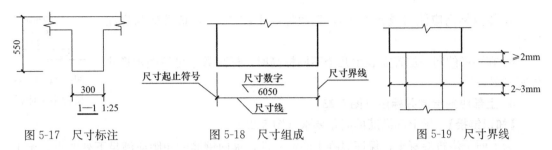

图 5-17 尺寸标注　　　　　图 5-18 尺寸组成　　　　　图 5-19 尺寸界线

（3）尺寸线应用细实线绘制，应与被注长度平行。图样本身的任何图线均不得用作尺寸线。

（4）尺寸起止符号一般用中粗斜短线绘制，其倾斜方向应与尺寸界线成顺时针 45°角，长度宜为 2～3mm。半径、直径、角度与弧长的尺寸起止符号，宜用箭头表示。

2. 尺寸数字

（1）图样上的尺寸，应以尺寸数字为准，不得从图上直接量取。

（2）图样上的尺寸单位，除标高及总平面以米为单位外，其他必须以毫米为单位。

（3）尺寸数字一般应依据其方向注写在靠近尺寸线的上方中部。如没有足够的注写位置，最外边的尺寸数字可注写在尺寸界线的外侧，中间相邻的尺寸数字可错开注写。

图 5-20 尺寸数字

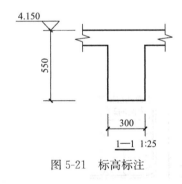

图 5-21 标高标注

3. 尺寸的排列与布置

互相平行的尺寸线，应从被注写的图样轮廓线由近向远整齐排列，较小尺寸应离轮廓线较近，较大尺寸应离轮廓线较远。

3. 第三跨梁支座截面 1-1 标高标注（图 5-21）

【知识链接】 标高

1. 标高符号应以直角等腰三角形表示，用细实线绘制，如标注位置不够，也可按图 5-22所示形式绘制。

图 5-22 标高符号

2. 标高符号的尖端应指至被注高度的位置。尖端一般应向下，也可向上。标高数字应注写在标高符号的左侧或右侧（图 5-23）。

3. 标高数字应以米为单位，注写到小数点以后第三位。

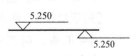

图 5-23 标高指向

4.零点标高应注写成±0.000，正数标高不注"＋"，负数标高应注
"－"。

5.在图样的同一位置需表示几个不同标高时，标高数字可按图示形式
注写（图5-24）。

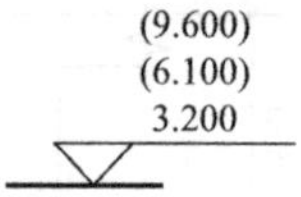

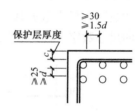
图5-24　同一位置多个标高

4.上部纵筋绘制并标注（图5-25）

【知识链接】　梁上部纵筋的间距要求（图5-26）

为了便于浇筑混凝土，保证混凝土的密实性，纵向钢筋的净距应满足下列要求：梁上部的纵向钢筋的净距，水平方向不应小于30mm且不小于1.5d，竖直方向不应小于25mm且不小于d（d为纵向钢筋的最大直径）。

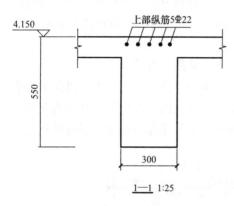

图5-25　上部纵筋绘制并标注

图5-26　梁上部纵筋的间距要求

5.下部纵筋绘制并标注（图5-27）

【知识链接】　梁下部纵筋的间距要求（图5-28）

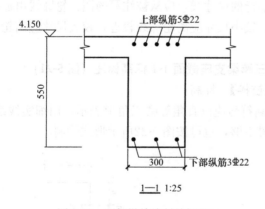

图5-27　下部纵筋绘制并标注

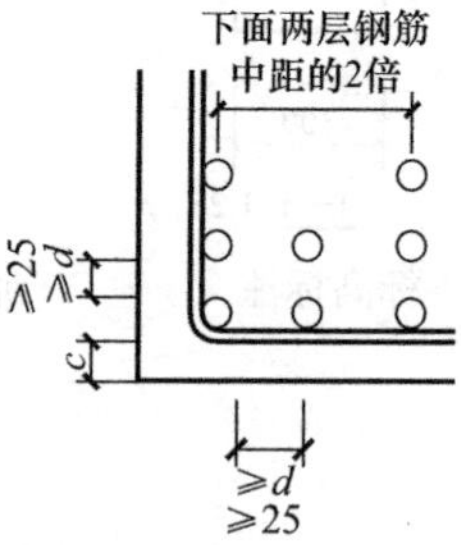

图5-28　梁下部纵筋的间距要求

梁下部的纵向钢筋的净距，不应小于25mm且不小于d（d为纵向钢筋的最大直径）。

6.侧面构造钢筋或受扭钢筋绘制并标注（图5-29）

【知识链接】　侧面构造钢筋或受扭钢筋（图5-30）

当梁的腹板高度h_w≥450mm时，在梁的两个侧面沿高度配置梁侧构造钢筋，且间距不宜大于200mm，梁侧面纵向构造钢筋将腹板高度均分。受扭钢筋位置与构造钢筋相同。

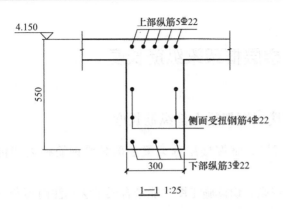

图 5-29　侧面构造钢筋或受扭钢筋绘制并标注

图 5-30　侧面构造钢筋或受扭钢筋

7. 箍筋绘制并标注（图 5-31）

8. 拉筋绘制并标注（图 5-32）

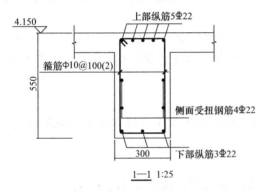

图 5-31　箍筋绘制并标注

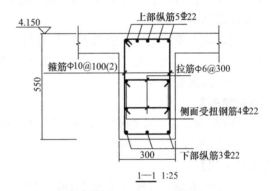

图 5-32　拉筋绘制并标注

【知识链接】 拉筋

当梁配置侧面纵向钢筋时，梁内设置拉筋，一般情况下，当梁宽≤350mm 时，拉筋直径为 6mm，当梁宽>350mm 时，拉筋直径为 8mm，拉筋间距一般为非加密区箍筋间距的 2 倍。当设有多排拉筋时，上下两排拉筋竖向错开设置。现浇板肋结构的 h_w 等于梁的有效高度减板的厚度；独立矩形梁的 h_w 等于梁的有效高度。

拉筋的构造要求如图 5-33，抗震情况下，拉筋弯钩为 135°，平直段长度为 10d 和 75mm 中的较大值。

拉筋紧靠箍筋并钩住纵筋

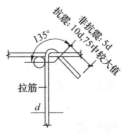

拉筋紧靠纵向钢筋并钩住箍筋

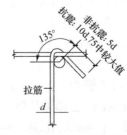

拉筋同时钩住纵筋和箍筋

图 5-33　拉筋的构造

任务 3　计算楼层框架梁纵筋长度

子任务 1　计算楼层框架梁上部纵筋长度

【知识目标】　掌握梁平法施工图制图规则；掌握楼层框架梁上部纵筋钢筋种类和构造要求。

【能力目标】　能运用梁平法施工图制图规则，识读施工图；能结合梁平法标注内容和钢筋构造要求，计算楼层框架梁上部纵筋长度。

【素质目标】　训练学生获取、分析信息的能力。

【项目与任务描述】

沈阳某公司办公楼为框架—剪力墙结构，地上 5 层，房屋高度为 17.700m，基础为钻孔灌注桩基础。

请以施工单位土建专业技术员的身份，识读楼层框架梁结构施工图，结合 16G101-1 楼层框架梁施工图平面整体表示方法制图规则和楼层框架梁上部纵筋构造要求，计算楼层框架梁上部纵筋长度。

【学前储备】

掌握 16G101-1 中的梁平法施工图制图规则、楼层框架梁 KL 端支座上部纵筋构造、KL 中间支座上部纵向钢筋构造。

【工作过程】

1. 识读标高 4.150m 梁配筋图中，KL10 的集中标注和原位标注（图 5-34）

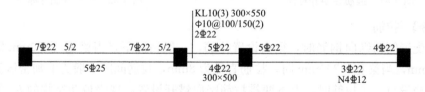

图 5-34　标高 4.150mKL10 配筋图

根据 KL10 集中标注：

KL10 截面尺寸 $b×h$ 为 300mm×550mm

箍筋为 Φ10@100/150，双肢箍

上部通长筋为 2Φ22

根据 KL10 原位标注：

KL10 第二跨截面尺寸 $b×h$ 为 300mm×500mm

支座上部纵筋为 7Φ22　5/2、5Φ22、4Φ22，其中包含上部通长筋 2Φ22。

2. 计算 KL10 上部通长筋长度

【知识链接】　上部纵筋在端支座的锚固形式

（1）当端支座截面尺寸 $h_c < l_{aE}$ 或 $< 0.5h_c + 5d$ 时，抗震楼层框架梁上部纵向钢筋可以在端支座进行弯锚，如图 5-35，抗震楼层框架梁纵向钢筋构造，梁上部纵筋伸至柱外侧纵

筋内侧，且$\geqslant 0.4l_{abE}$，弯折段长度为 $15d$。

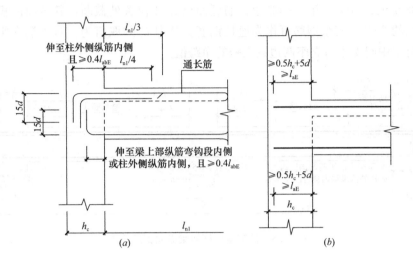

图 5-35 抗震楼层框架梁纵向钢筋构造

（a）弯锚；（b）直锚

（2）当端支座截面尺寸 $h_c \geqslant l_{aE}$，且 $\geqslant 0.5h_c + 5d$ 时，抗震楼层框架梁上部纵向钢筋可以在端支座进行直锚。如图 5-36，当不能满足直锚要求时，可以进行弯锚。

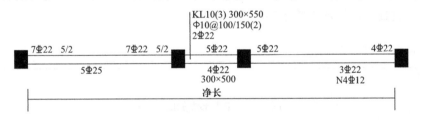

图 5-36 标高 4.150mKL10 配筋图

上部通长筋长度＝两端支座内锚固长度＋框架梁净长

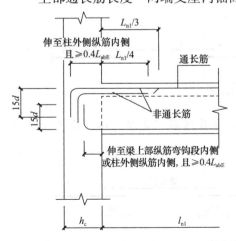

图 5-37 上部非通长筋在端支座的锚固

当采用直锚时，支座内锚固长度＝$\max(l_{aE}, 0.5h_c + 5d)$

当采用弯锚时，支座内锚固长度＝水平段长度＋$15d$

3. 计算 KL10 上部非通长筋长度

【知识链接】 上部非通长筋在端支座的锚固（图 5-37）。

上部非通长筋在端支座的锚固形式与通长筋相同。

【知识链接】 上部非通长筋延伸长度

凡框架梁的所有支座和非框架梁的中间支座上部纵筋的延伸长度 a_0 值，在标准构造详图中统一取值规定为：第一排非通长筋从柱（梁）边起延伸至 $l_n/3$ 位置处截断，其截面面积不超过上部纵筋面积的 50%；第二排非通长筋延伸至 $l_n/4$ 位置处截断，其截面面积不小于上部纵筋面积的 25%；其余钢筋可作为通长钢筋。其中 l_n 的取值为：对于端支座为本跨的净跨值；对于中间支座为支座两边较大跨的净跨值。

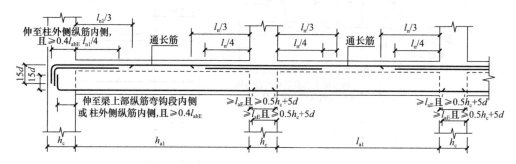

图 5-38 抗震楼层框架梁纵向钢筋构造

端支座上部非通长筋长度＝端支座内锚固长度＋延伸长度

中间支座上部非通长筋长度＝中间支座截面尺寸＋两侧延伸长度

【拓展提高】

1. 上部纵筋的连接

（1）当梁上部通长筋与非贯通筋（支座负筋）直径相同时，上部纵筋的连接位置宜位于跨中 $l_{ni}/3$ 范围内，搭接长度为 l_{lE}（图 5-39）。

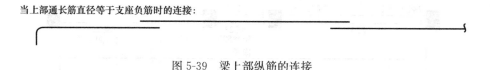

图 5-39 梁上部纵筋的连接

（2）当梁上部通长筋与非贯通筋（支座负筋）直径不同时，非贯通筋（支座负筋）伸出长度为 $l_{ni}/3$，搭接长度为 l_{lE}（图 5-40）。

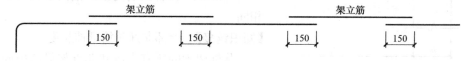

图 5-40 梁上部纵筋的连接

（3）当梁上部纵筋为非贯通筋与架立筋搭接时，非贯通筋（支座负筋）伸出长度为 $l_{ni}/3$，搭接长度为 150mm（图 5-41）。

图 5-41 梁上部纵筋的连接

2. 抗震屋面框架梁纵向钢筋构造

抗震屋面框架梁端支座上部纵筋应弯折至本梁底面标高处如图 5-42 所示，并与顶层框架边柱或角柱外侧纵筋进行搭接，抗震屋面框架梁端支座下部纵筋构造与抗震楼层框架梁下部纵向钢筋构造相同。

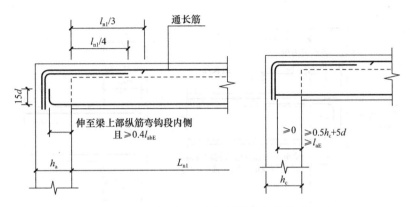

图 5-42　抗震屋面框架梁纵向钢筋构造

子任务 2　计算楼层框架梁下部纵筋长度

【知识目标】　掌握梁平法施工图制图规则；掌握楼层框架梁下部纵筋钢筋种类和构造要求。

【能力目标】　能运用梁平法施工图制图规则，识读施工图；能结合梁平法标注内容和钢筋构造要求，计算楼层框架梁下部纵筋长度。

【素质目标】　训练学生获取、分析信息的能力。

【项目与任务描述】

沈阳某公司办公楼为框架—剪力墙结构，地上 5 层，房屋高度为 17.700m，基础为钻孔灌注桩基础。

请以施工单位土建专业技术员的身份，识读楼层框架梁结构施工图，结合 16G101-1 楼层框架梁施工图平面整体表示方法制图规则和楼层框架梁下部纵筋构造要求，计算楼层框架梁下部纵筋长度。

【学前储备】

掌握 16G101-1 中的梁平法施工图制图规则、楼层框架梁 KL 端支座下部纵筋构造、KL 中间支座下部纵向钢筋构造。

【工作过程】

1. 识读标高 4.150m 梁配筋图中，KL10 的集中标注和原位标注（图 5-43）

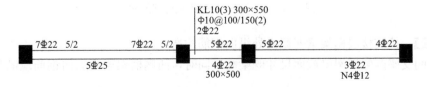

图 5-43　标高 4.150mKL10 配筋图

根据 KL10 原位标注：

梁下部纵筋为 5Φ25、4Φ22、3Φ22，全部通长。

2. 计算 KL10 下部纵筋长度

【知识链接】 下部纵筋在端支座的锚固（图 5-44）。

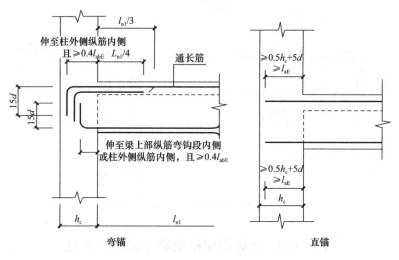

图 5-44 下部纵筋在端支座的锚固

（1）当端支座截面尺寸 $h_c < l_{aE}$ 或 $< 0.5h_c + 5d$ 时，抗震楼层框架梁下部纵向钢筋可以在端支座进行弯锚，如图 5-44 弯锚，梁下部纵筋伸至梁上部纵筋内侧或柱外侧纵筋内侧，且 $\geqslant 0.4 l_{abE}$，弯折段长度为 $15d$。

（2）当端支座截面尺寸 $h_c \geqslant l_{aE}$，且 $\geqslant 0.5h_c + 5d$ 时，抗震楼层框架梁下部纵向钢筋可以在端支座进行直锚。如图 5-44 直锚。

（3）抗震楼层框架梁下部纵向钢筋可以在中间支座进行直锚，如图 5-45 所示的抗震楼层框架梁纵向钢筋构造，梁下部纵筋直锚长度为 $\geqslant l_{aE}$，且 $\geqslant 0.5h_c + 5d$。

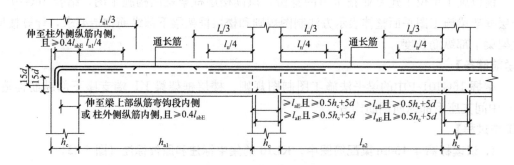

图 5-45 抗震楼层框架梁纵向钢筋构造

【知识链接】 抗震楼层框架梁变截面处纵向钢筋构造

当中间支座两侧框架梁截面尺寸既梁高不同时，两侧框架梁内纵向钢筋应满足相应的锚固构造：

1）$\Delta h / (h_c - 50) > 1/6$ 时，支座两侧的抗震楼层框架梁纵向钢筋在支座内进行锚固，

当支座宽度 h_c 满足直锚要求时，纵向钢筋可直锚，锚固长度 $\geq l_{aE}$，且 $\geq 0.5h_c+5d$。当支座宽度 h_c 不满足直锚要求时，纵向钢筋可弯锚，弯锚时水平段长度 $\geq 0.4l_{abE}$，弯折段长度为 $15d$。如图抗震楼层框架梁中间支座两侧梁高不同时纵向钢筋构造图 5-45（a）。

2）$\Delta h/(h_c-50) \leq 1/6$ 时，支座两侧的抗震楼层框架梁纵向钢筋可在支座内连续布置。如图抗震楼层框架梁中间支座两侧梁高不同时纵向钢筋构造图 5-46（b）。

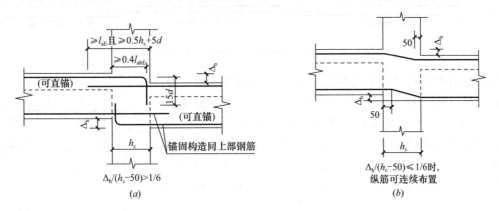

图 5-46 抗震楼层框架梁中间支座两侧梁高不同时纵向钢筋构造

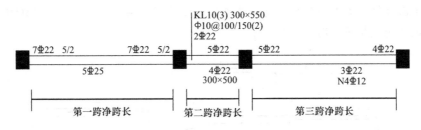

图 5-47 标高 4.150mKL10 配筋图

根据 KL10 集中标注：第一、三跨截面尺寸为宽度 300mm，高度 550mm。

根据 KL10 原位标注：第二跨截面尺寸为宽度 300mm，高度 500mm。

第一、三跨下部纵筋长度＝左端支座内锚固长度＋框架梁第一、三跨净跨长＋右端支座内锚固长度

当采用直锚时，支座内锚固长度＝$\max(l_{aE}, 0.5h_c+5d)$

当采用弯锚时，支座内锚固长度＝水平段长度＋$15d$

第二跨下部纵筋长度＝左端支座内锚固长度＋框架梁第二跨净跨长＋右端支座内锚固长度

左、右端支座内锚固长度可直接采用直锚，支座内锚固长度＝$\max(l_{aE}, 0.5h_c+5d)$

【拓展提高】

1. 抗震楼层框架梁下部纵向钢筋不全部伸入支座的构造

当梁下部纵筋不全部伸入支座时，不伸入支座的梁下部纵筋截断点距支座边的距离为 $0.1l_{ni}$，l_{ni} 本跨梁的净跨值（图 5-48）。

2. 抗震楼层框架梁变截面处纵向钢筋构造

当中间支座两侧框架梁截面尺寸既梁宽不同或错开布置时，两侧框架梁内纵向钢筋应

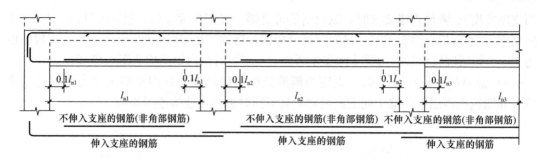

图 5-48 不伸入支座的梁下部纵向钢筋断点位置

满足相应的锚固构造：当支座宽度 h_c 满足直锚要求时，纵向钢筋可直锚，锚固长度 $\geqslant l_{aE}$，且 $\geqslant 0.5h_c+5d$。当支座宽度 h_c 不满足直锚要求时，将无法直通的纵筋弯锚入柱内，弯锚时水平段长度 $\geqslant 0.4l_{abE}$，弯折段长度为 $15d$。当支座两侧纵筋根数不同时，可将多出的纵筋弯锚入柱内。如图 5-49 抗震楼层框架梁中间支座两侧梁宽不同时纵向钢筋构造。

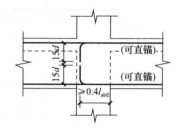

图 5-49 抗震楼层框架梁中间支座两侧梁宽不同时纵向钢筋构造

3. 抗震屋面框架梁纵向钢筋构造

抗震屋面框架梁端支座下部纵筋构造与抗震楼层框架梁下部纵向钢筋构造相同（图 5-50）。

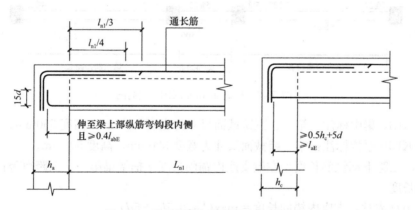

图 5-50 抗震屋面框架梁纵向钢筋构造

4. 抗震屋面框架梁变截面处纵向钢筋构造

（1）当中间支座两侧框架梁截面尺寸即梁高不同时，两侧框架梁内纵向钢筋应满足相应的锚固构造：

1）$\Delta h/(h_c-50)>1/6$ 时，支座两侧的抗震屋面框架梁纵向钢筋在支座内进行锚固，当支座宽度 h_c 满足直锚要求时，纵向钢筋可直锚，锚固长度 $\geqslant l_{aE}$，且 $\geqslant 0.5h_c+5d$。当支座宽度 h_c 不满足直锚要求时，纵向钢筋可弯锚，弯锚时水平段长度 $\geqslant 0.4l_{abE}$，弯折段长度为 $15d$。如图 5-51 抗震屋面框架梁中间支座两侧梁高不同时纵向钢筋构造。

2）$\Delta h/(h_c-50)\leqslant 1/6$ 时，支座两侧的抗震屋面框架梁纵向钢筋可在支座内连续布置。

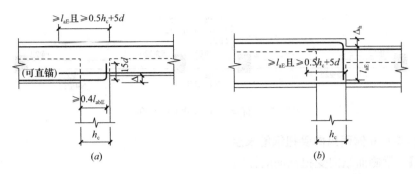

图 5-51　抗震屋面框架梁中间支座两侧梁高不同时纵向钢筋构造

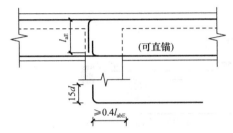

图 5-52　抗震屋面框架梁中间支座两侧梁宽不同时纵向钢筋构造

（2）当中间支座两侧框架梁截面尺寸既梁宽不同或错开布置时，两侧框架梁内纵向钢筋应满足相应的锚固构造：当支座宽度 h_c 满足直锚要求时，纵向钢筋可直锚，锚固长度 $\geqslant l_{aE}$，且 $\geqslant 0.5 h_c + 5d$。当支座宽度 h_c 不满足直锚要求时，将无法直通的弯锚入柱内，弯锚时水平段长度 $\geqslant 0.4 l_{abE}$，弯折段长度为 $15d$。或当支座两侧纵筋根数不同时，可将多出的纵筋弯锚入柱内。如图 5-52 抗震屋面框架梁中间支座两侧梁宽不同时纵向钢筋构造。

子任务 3　计算楼层框架梁侧面纵向受扭钢筋或构造钢筋长度

【知识目标】　掌握梁平法施工图制图规则；掌握框架梁侧面纵向受扭钢筋或构造钢筋构造要求。

【能力目标】　能运用梁平法施工图制图规则，识读施工图；能结合梁平法标注内容和钢筋构造要求，计算框架梁侧面纵向受扭钢筋或构造钢筋长度。

【素质目标】　训练学生获取、分析信息的能力。

【项目与任务描述】

沈阳某公司办公楼为框架—剪力墙结构，地上 5 层，房屋高度为 17.700m，基础为钻孔灌注桩基础。

请以施工单位土建专业技术员的身份，识读楼层框架梁结构施工图，结合 16G101-1 楼层框架梁施工图平面整体表示方法制图规则和楼层框架梁侧面纵向受扭钢筋或构造钢筋构造要求，计算框架梁侧面纵向受扭钢筋或构造钢筋长度。

【学前储备】

掌握 16G101-1 中的梁平法施工图制图规则、框架梁 KL 侧面纵向受扭钢筋或构造钢筋构造。

【工作过程】

1. 识读标高 4.150m 梁配筋图中，KL10 的集中标注和原位标注（图 5-53）

根据 KL10 原位标注：

第三跨梁侧面纵向受扭钢筋为 4 Φ 12。

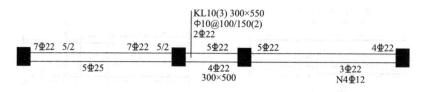

图 5-53　标高 4.150mKL10 配筋图

2. 计算 KL10 侧面纵向受扭钢筋长度

【知识链接】　梁侧面纵向受扭钢筋的锚固

当梁侧面配置受扭纵向钢筋时，其锚固长度为 l_a 或 l_{aE}，锚固方式同框架梁下部纵筋（图 5-54）。

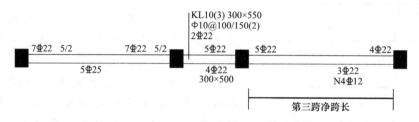

图 5-54　标高 4.150mKL10 配筋图

第三跨梁侧面纵向受扭钢筋长度＝第三跨梁净跨长＋左端支座内锚固长度＋右端支座内锚固长度

当采用直锚时，支座内锚固长度＝$\max(l_{aE}, 0.5h_c + 5d)$

当采用弯锚时，支座内锚固长度＝水平段长度＋15d

【拓展提高】

梁侧面纵向构造钢筋的锚固

当梁侧面配置构造钢筋时，其锚固长度可取 15d。

梁侧面纵向构造钢筋长度＝梁净跨长＋2×15d

任务 4　计算框架梁箍筋周长和根数

【知识目标】　掌握梁平法施工图制图规则；掌握框架梁箍筋构造要求。

【能力目标】　能运用梁平法施工图制图规则，识读施工图；能结合梁平法标注内容和钢筋构造要求，计算框架梁箍筋长度和根数。

【素质目标】　增强学生自学和分析、解决问题能力。

【项目与任务描述】

沈阳某公司办公楼为框架—剪力墙结构，地上 5 层，房屋高度为 17.700m，基础为钻孔灌注桩基础。

请以施工单位土建专业技术员的身份，识读楼层框架梁结构施工图，结合 16G101-1 楼层框架梁施工图平面整体表示方法制图规则和框架梁箍筋构造要求，计算框架梁箍筋的周长和根数。

【学前储备】

掌握 16G101-1 中的梁平法施工图制图规则、楼层框架梁 KL 箍筋构造。

【工作过程】

1. 识读标高 4.150m 梁配筋图中，KL10 的集中标注和原位标注（图 5-55）

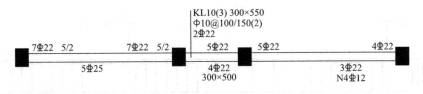

图 5-55　标高 4.150mKL10 配筋图

根据 KL10 集中标注：

KL10 截面尺寸 $b \times h$ 为 300mm×550mm

KL10 箍筋为直径 10mm 的 HPB300 级钢筋，加密区间距为 100mm，非加密区间距为 150mm，两肢箍。

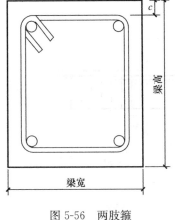

图 5-56　两肢箍

根据 KL10 原位标注：

KL10 第二跨截面尺寸 $b \times h$ 为 300mm×500mm

2. 计算 KL10 箍筋周长

【知识链接】 混凝土保护层的最小厚度

混凝土保护层是指最外层钢筋外边缘至混凝土表面的距离，一般用字母"c"来表示。图 5-56 中的数值适用于设计使用年限为 50 年的混凝土结构。

KL10 箍筋宽度＝梁宽－2×c

高度＝梁高－2×c

KL10 箍筋周长（不包含弯钩）：

2×（梁宽－2×c＋梁高－2×c）

【知识链接】 封闭箍筋弯钩构造（图 5-57）

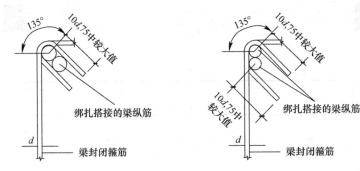

图 5-57　封闭箍筋弯钩构造

封闭箍筋弯钩为 135°弯钩，箍筋的平直段长度为 10d 和 75mm 中的较大值。

3. 计算 KL10 箍筋根数

【知识链接】 框架梁箍筋加密区范围

当框架梁支座为框架柱时，框架梁箍筋加密区设置在梁支座附近，范围与其抗震级别有关。

当抗震等级为一级时，箍筋加密区长度为$\geqslant 2h_b$（h_b为梁截面高度），且$\geqslant 500\text{mm}$；第一根箍筋在距离支座边缘50mm处设置（图5-58）。

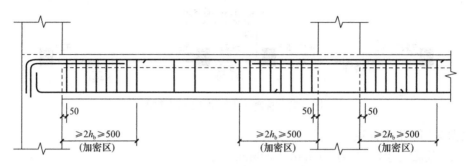

图5-58　一级抗震等级框架梁箍筋加密区范围

当抗震等级为二～四级时，箍筋加密区长度为$\geqslant 1.5h_b$（h_b为梁截面高度），且$\geqslant 500\text{mm}$；第一根箍筋在距离支座边缘50mm处设置。

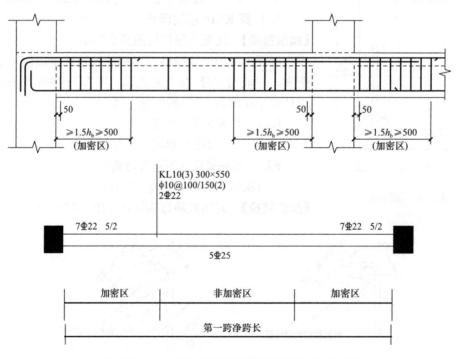

图5-59　二～四级抗震等级框架梁箍筋加密区范围

如图5-59所示：

KL10第一跨一端加密区范围内箍筋根数 $n=$（箍筋一端加密区长度－50）/箍筋加密区间距＋1

KL10第一跨非加密区范围内箍筋根数 $n=$（框架梁第一跨净跨长－箍筋两端实际加密区长度）/箍筋非加密区间距－1

【拓展提高】

1. 框架梁箍筋加密区范围（图 5-60）

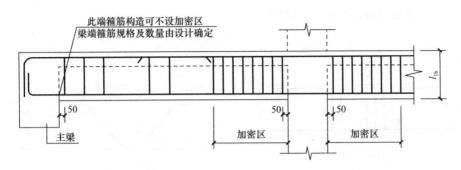

图 5-60　框架梁箍筋加密区范围

当框架梁支座为框架柱和框架梁时，框架梁箍筋加密区设置在以框架柱为支座的端头范围内，以框架梁为支座一端可不设加密区，加密区范围与其抗震级别有关。

当抗震等级为一级时，箍筋加密区长度为 $\geqslant 2h_b$（h_b 为梁截面高度），且 $\geqslant 500\text{mm}$；第一根箍筋在距离支座边缘 50mm 处设置。

当抗震等级为二～四级时，箍筋加密区长度为 $\geqslant 1.5h_b$（h_b 为梁截面高度），且 $\geqslant 500\text{mm}$；第一根箍筋在距离支座边缘 50mm 处设置。

2. 梁与方柱斜交，或与圆柱相交时箍筋起始位置（图 5-61）

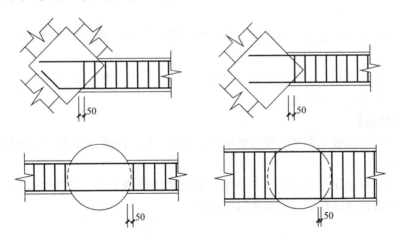

图 5-61　梁与方柱斜交，或与圆柱相交时箍筋起始位置

当梁与方柱斜交，或与圆柱相交时，箍筋起始位置为距离梁与柱相交处最远端 50mm 处设置。

3. 附加箍筋与附加吊筋构造

在次梁与主梁相交处，由于主梁承受由次梁传来的集中荷载，其腹部可能出现斜裂缝，并引起局部破坏，因此，需要在主梁内集中荷载附近一定范围设置附加吊筋或附加箍筋，以承担全部集中荷载。

（1）附加箍筋构造，如图 5-62 所示。

第一根附加箍筋在距离次梁边 50mm 处开始布置。

附加箍筋布置范围为 $s=3b+2h_1$，b 为次梁宽度，h_1 为主、次梁高度差。附加箍筋布置范围内梁正常箍筋或加密区箍筋正常设置。

（2）附加吊筋构造，如图 5-63 所示。

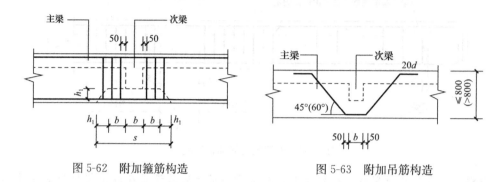

图 5-62　附加箍筋构造　　　　图 5-63　附加吊筋构造

附加吊筋斜边水平夹角：当梁高≤800mm 时，取 45°；当梁高＞800mm 时，取 60°。

附加吊筋上部水平边长度为 $20d$，d 为附加吊筋直径。

附加吊筋下底边长度为 $b+2×50$，b 为次梁宽度。

任务 5　绘制框架梁纵剖面图

【知识目标】　掌握梁平法施工图制图规则，掌握梁平法施工图的识读方法和梁内各种钢筋构造要求。

【能力目标】　能运用梁平法施工图制图规则，识读施工图，并绘制梁纵剖面图。

【素质目标】　提升学生绘图能力。

【项目与任务描述】

沈阳某公司办公楼为框架—剪力墙结构，地上 5 层，房屋高度为 17.700m，基础为钻孔灌注桩基础。

请以施工单位土建专业技术员的身份，识读梁结构施工图，结合 16G101-1 梁施工图平面整体表示方法制图规则，绘制梁纵剖面图。

【学前储备】

掌握 16G101-1 中的梁平法施工图制图规则，梁内各种钢筋构造要求。

【绘制过程】

梁纵剖面图的绘制内容：纵剖面轮廓，尺寸标注，标高标注，纵筋、箍筋的绘制及标注（图 5-64）。

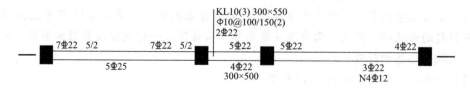

图 5-64　标高 4.150mKL10 配筋图

1. 绘制框架梁 KL10 纵剖面轮廓（图 5-65）

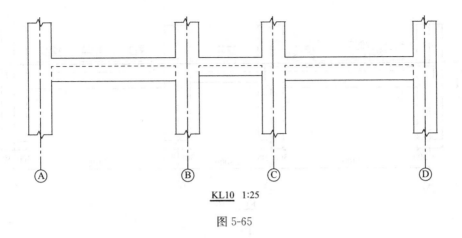

KL10　1:25

图 5-65

2. 框架梁 KL10 纵剖面图尺寸标注（图 5-66）

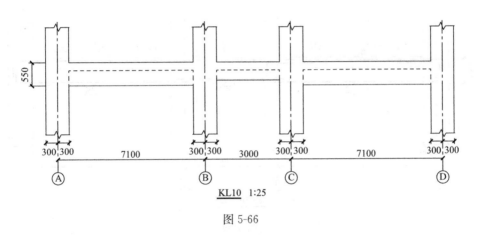

KL10　1:25

图 5-66

3. 第三跨梁支座截面 1-1 标高标注（图 5-67）

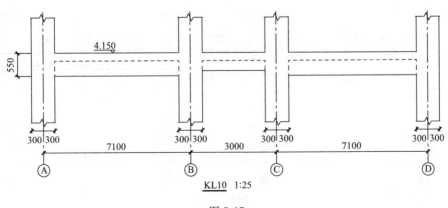

KL10　1:25

图 5-67

4. 上部纵筋绘制并标注（图5-68）

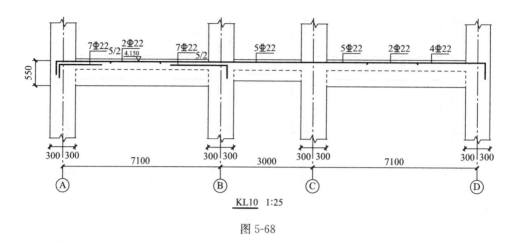

图 5-68

5. 下部纵筋绘制并标注（图5-69）

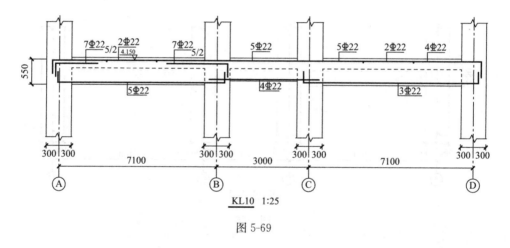

图 5-69

6. 侧面构造钢筋或受扭钢筋绘制并标注（图5-70）

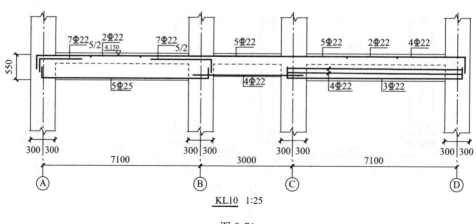

图 5-70

7. 箍筋绘制并标注（图 5-71）

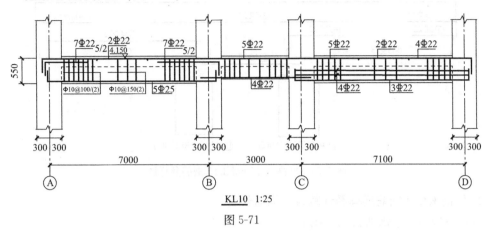

图 5-71

任务6 根据梁平法施工图进行框架梁钢筋翻样

【知识目标】 掌握梁平法施工图制图规则，掌握梁平法施工图的识读方法和梁内各种钢筋构造要求。

【能力目标】 能运用梁平法施工图制图规则，识读施工图，并根据梁平法施工图进行框架梁钢筋翻样。

【素质目标】 增强学生综合运用专业知识的能力。

【项目与任务描述】

沈阳某公司办公楼为框架—剪力墙结构，地上 5 层，房屋高度为 17.700m，基础为钻孔灌注桩基础。

请以施工单位土建专业技术员的身份，识读梁结构施工图，结合 16G101-1 梁施工图平面整体表示方法制图规则，绘制框架梁钢筋翻样图。

【学前储备】

掌握 16G101-1 中的梁平法施工图制图规则，梁内各种钢筋构造要求。

【工作过程】

1. 根据框架梁 KL10 纵剖面图（图 5-72）绘制框架梁钢筋翻样图（图 5-73）

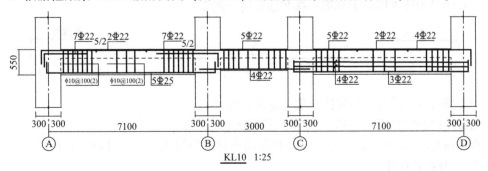

图 5-72 标高 4.150mKL10 纵剖面图

77

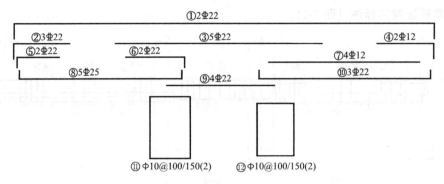

图 5-73   标高 4.150mKL10 钢筋翻样图

2. 根据 KL10 钢筋翻样图计算各类钢筋长度

（1）①号为梁上部通长筋（图 5-74）

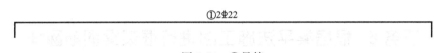

图 5-74   ①号筋

①号筋长度＝框架梁（全跨）净长＋两端支座内锚固长度

框架梁（全跨）净长＝轴线 A～D 间距－左柱内边线～轴线 A 间距－右柱内边线～轴线 D 间距

端支座内锚固长度（弯锚）＝水平段长度＋15d

水平段长度＝h_c（柱截面尺寸）－c（柱混凝土保护层厚度）－d_1（柱箍筋直径）－d_2（柱纵筋直径）－柱纵筋净距

（2）②号为端支座梁上部第一排非通长筋（图 5-75）

②号筋长度＝端支座内锚固长度＋延伸长度

端支座内锚固长度（弯锚）＝水平段长度＋15d

水平段长度＝h_c（柱截面尺寸）－c（柱混凝土保护层厚度）－d_1（柱箍筋直径）－d_2（柱纵筋直径）－柱纵筋净距

延伸长度＝第一跨净跨 $l_{n1}/3$

（3）③号为中间支座梁上部第一排非通长筋（图 5-76）

③号筋长度＝第二跨净跨 l_{n2}＋两侧柱截面尺寸＋两侧延伸长度

（4）④号为端支座梁上部第一排非通长筋（图 5-77）

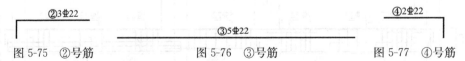

图 5-75   ②号筋   图 5-76   ③号筋   图 5-77   ④号筋

④号筋长度＝端支座内锚固长度＋延伸长度

端支座内锚固长度（弯锚）＝水平段长度＋15d

水平段长度＝h_c（柱截面尺寸）－c（柱混凝土保护层厚度）－d_1（柱箍筋直径）－d_2（柱纵筋直径）－柱纵筋净距

延伸长度＝第三跨净跨 $l_{n3}/3$

（5）⑤号为端支座梁上部第二排非通长筋（图 5-78）

⑤号筋长度＝端支座内锚固长度＋延伸长度

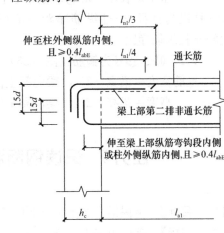

⑤2Φ22

图 5-78　⑤号筋

端支座内锚固长度（弯锚）＝水平段长度＋15d

水平段长度＝h_c（柱截面尺寸）－c（柱混凝土保护层厚度）－d_1（柱箍筋直径）－d_2（柱纵筋直径）－柱纵筋净距－d_3（梁上部通长筋直径）－柱纵筋净距

延伸长度＝第一跨净跨 l_{n1}/4

【知识链接】 上部第二排非通长筋在端支座的锚固

上部非通长筋在端支座的锚固形式与通长筋相同，上部第二排非通长筋伸至梁上部通长筋内侧弯折（图 5-79）。

图 5-79　上部第二排非通长筋
在端支座的锚固

（6）⑥号按端支座梁上部第二排非通长筋计算（图 5-80）

⑥号筋长度＝端支座内锚固长度＋延伸长度

端支座内锚固长度（弯锚）＝水平段长度＋15d

水平段长度＝h_c（柱截面尺寸）－c（柱混凝土保护层厚度）－d_1（柱箍筋直径）－d_2（柱纵筋直径）－柱纵筋净距

延伸长度＝第一跨净跨 l_{n1}/4

（7）⑦号为梁侧面受扭钢筋（图 5-81）

⑦号筋长度＝第三跨梁净跨长 l_{n3}＋左端支座内锚固长度＋右端支座内锚固长度

左、右端支座内采用直锚时，支座内锚固长度＝$\max(l_{aE}, 0.5h_c + 5d)$

（8）⑧号为梁下部纵筋（图 5-82）

⑥2Φ22

图 5-80　⑥号筋

⑦4Φ12

图 5-81　⑦号筋

⑧5Φ25

图 5-82　⑧号筋

⑧号筋长度＝左端支座内锚固长度＋框架梁第一跨净跨长 l_{n1}＋右端支座内锚固长度

支座内锚固长度（弯锚）＝水平段长度＋15d

左端水平段长度＝h_c（柱截面尺寸）－c（柱混凝土保护层厚度）－d_1（柱箍筋直径）－d_2（柱纵筋直径）－柱纵筋净距－d_3（梁上部通长筋直径）－柱纵筋净距－d_4（梁上部第二排非通长筋直径）－柱纵筋净距

右端水平段长度＝h_c（柱截面尺寸）－c（柱混凝土保护层厚度）－d_1（柱箍筋直径）－d_2（柱纵筋直径）－柱纵筋净距－d_3（梁上部第二排非通长筋直径）－柱纵筋净距

（9）⑨号为梁下部纵筋（图 5-83）

⑨号筋长度＝左端支座内锚固长度＋框架梁第二跨净跨长 l_{n2}＋右端支座内锚固长度

左、右端支座内锚固长度可直接采用直锚，支座内锚固长度＝$\max(l_{aE}, 0.5h_c + 5d)$

（10）⑩号为梁下部纵筋（图 5-84）

⑨4Φ22

图 5-83　⑨号筋

⑩3Φ22

图 5-84　⑩号筋

⑩号筋长度＝左端支座内锚固长度＋框架梁第三跨净跨长 l_{n3}＋右端支座内锚固长度

支座内锚固长度（弯锚）＝水平段长度＋15d

左端水平段长度＝h_c（柱截面尺寸）－c（柱混凝土保护层厚度）－d_1（柱箍筋直径）－d_2（柱纵筋直径）－柱纵筋净距

右端水平段长度＝h_c（柱截面尺寸）－c（柱混凝土保护层厚度）－d_1（柱箍筋直径）－d_2（柱纵筋直径）－柱纵筋净距－d_3（梁上部通长筋直径）－柱纵筋净距

（11）⑪、⑫号为箍筋（图 5-85）

箍筋宽度＝梁宽－2×c（梁混凝土保护层厚度）

高度＝梁高－2×c（梁混凝土保护层厚度）

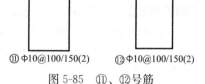

⑪ Φ10@100/150(2)　⑫ Φ10@100/150(2)

图 5-85　⑪、⑫号筋

任务 7　识读钢筋混凝土非框架梁平法施工图

【知识目标】　掌握梁平法施工图制图规则，掌握梁平法施工图的识读方法。

【能力目标】　能运用梁平法施工图制图规则，识读施工图，并明确标注内容的含义。

【素质目标】　增强学生自学和分析、解决问题能力。

【项目与任务描述】

　　沈阳某公司办公楼为框架—剪力墙结构，地上 5 层，房屋高度为 17.700m，基础为钻孔灌注桩基础。

　　请以施工单位土建专业技术员的身份，识读梁结构施工图，结合 16G101-1 梁施工图平面整体表示方法制图规则，撰写非框架梁平法施工图识图报告。

【学前储备】

　　掌握 16G101-1 中的梁平法施工图制图规则。

【识读过程】（图 5-86）

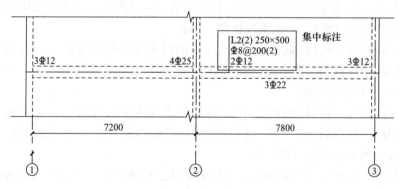

图 5-86　4.150 层梁配筋图（一）

1. 集中标注的内容：

　　L2(2)　250×500　表示 2 号非框架梁，2 跨。

　　Φ8@200(2)　表示箍筋为 HRB400 级钢筋，直径 8mm，间距 200mm，双肢箍。

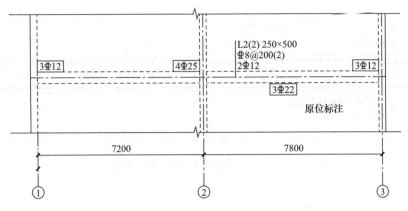

图 5-86　4.150 层梁配筋图（二）

2Φ12　表示梁上部通长筋为 2 根直径为 12mm 的 HRB400 级钢筋。

2. 梁原位标注的内容

3Φ12、4Φ25　表示梁支座上部纵筋。

3Φ22　表示梁下部纵筋。

【知识链接】　非抗震框架梁纵向钢筋构造

非抗震框架梁纵向钢筋在支座内的锚固与抗震框架梁相似，满足直锚则直锚，不满足直锚要求时则弯锚，锚固长度按非抗震情况下的锚固长度 l_a 进行配置，基本锚固长度则为 l_{ab}。如图 5-87～图 5-92 所示。

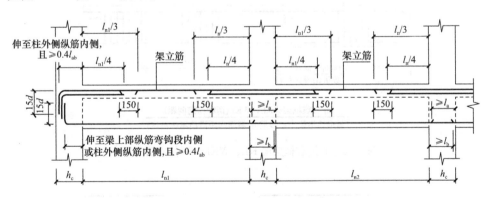

图 5-87　非抗震楼层框架梁 KL 纵向钢筋构造

【知识链接】　非框架梁钢筋构造

1. 非框架梁上部纵筋构造

（1）非框架梁上部纵筋在端支座的锚固，如图 5-93 所示的非框架梁 L 配筋构造：

1）当非框架梁上部纵筋在端支座内的直段长度不小于 l_a 时，可不弯折进行直锚，直锚长度为 l_a；

2）当设计按铰接时，平直段伸至主梁外侧纵筋内侧后弯折，且平直段长度≥$0.35l_{ab}$，弯折段长度 15d（d 为纵向钢筋直径）；

图 5-88　端支座直锚

81

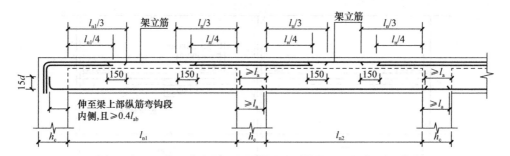

图 5-89　非抗震屋面框架梁 WKL 纵向钢筋构造

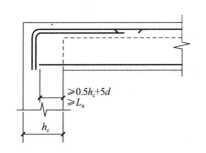

图 5-90　顶层端支座梁下部钢筋直锚

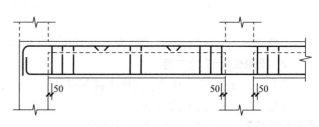

图 5-91　非抗震框架梁 KL、WKL（一种箍筋间距）

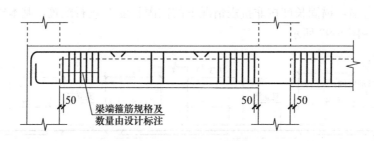

非抗震框架梁KL、WKL(两种箍筋间距)
(弧形梁沿梁中心线展开,箍筋间距沿凸面线量度)

图 5-92　非抗震框架梁 KL、WKL（两种箍筋间距）

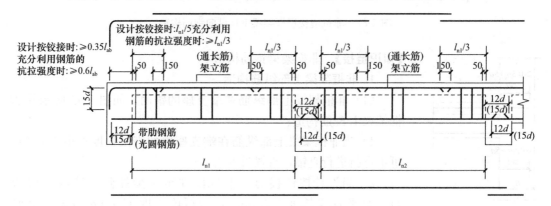

图 5-93　非框架梁 L 配筋构造

3）当充分利用钢筋的抗拉强度时，水平段伸至主梁外侧纵筋内侧后弯折，且半直段长度≥$0.6l_{ab}$，弯折段长度$15d$（d为纵向钢筋直径）。

（2）非框架梁上部纵筋的延伸长度，如图5-93所示：

1）非框架梁端支座上部纵筋的延伸长度

①当设计按铰接时，取$l_{ni}/5$，l_{ni}为本跨的净跨值。

②当充分利用钢筋的抗拉强度时，取$l_{ni}/3$。

2）非框架梁中间支座上部纵筋的延伸长度取$l_n/3$（l_n为相邻左右两跨中跨度较大的一跨）。

（3）非框架梁端支座上部纵筋的连接

1）当梁上部有通长钢筋时，连接位置宜位于跨中$l_{ni}/3$范围内，且在同一连接区段内的钢筋接头面积百分率不宜大于50%。

2）当梁上部有架立筋时，架立筋与非通长筋搭接长度为150mm。

2. 非框架梁下部纵筋构造

（1）非框架梁下部纵筋在支座内的锚固

1）非框架梁的下部纵向钢筋在中间支座和端支应的直锚长度：对于带肋钢筋为$12d$；对于光面钢筋为$15d$（d为纵向钢筋直径）。

2）当非框架梁下部纵筋在中间支座直锚长度为l_a，在端支座直锚长度不足时，可弯锚，且平直段长度≥$0.6l_{ab}$，弯折段长度$15d$。

（2）非框架梁下部纵筋的连接

非框架梁下部纵筋的连接位置宜位于支座$l_{ni}/4$范围内，且在同一连接区段内的钢筋接头面积百分率不宜大于50%。

3. 非框架梁箍筋构造

（1）当端支座为柱、剪力墙（平面内连接）时，梁端部应设箍筋加密区，设计应确定加密区长度，设计未确定时取该工程框架梁加密区长度。

（2）第一根箍筋在距离支座边50mm处开始布置。

（3）弧形非框架梁箍筋间距沿梁凸面线度量。

【拓展提高】

纯悬挑梁与悬挑梁端配筋构造

1. 悬挑梁上部纵筋的配筋构造

悬挑梁的上部纵筋是全跨贯通的，所以，悬挑梁上部纵筋是在悬挑端上部跨中以原位标注的方式进行标注的，悬挑梁上部纵筋的配筋构造，如图5-94、图5-95所示。

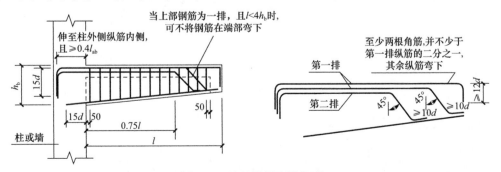

图5-94　纯悬挑梁配筋构造

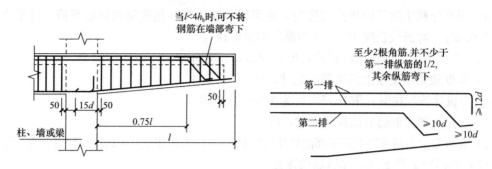

图 5-95　悬挑梁端配筋构造

第一排上部纵筋，至少两根角筋，并且不少于第一排纵筋的二分之一的上部纵筋一直伸到悬挑梁端部，进行 90° 弯折伸至梁底，端部弯折段长度 ≥12d，其余纵筋在端部附近以 45° 的弯折角度进行弯折，端部弯折段长度 ≥10d。当上部纵筋为一排，且 l<4h_b 时，可不将钢筋在端部弯下。

第二排上部纵筋伸至悬挑端长度的 0.75 倍处，以 45° 弯折角度进行弯折，端部弯折段长度 ≥10d。当上部钢筋为两排，且 l<5h_b 时，可不将第二排纵筋在端部弯下，伸至悬挑梁外端向下弯折 12d。

当悬挑梁顶面与临跨框架梁顶面不平或者两侧上部纵筋不同时，上部纵筋无法贯通支座时，则两侧纵筋各自锚固，能直锚就不采用弯锚，构造做法同变截面处纵向钢筋构造做法。

纯悬挑梁的上部纵筋在支座处的锚固：上部纵筋需伸至柱外侧纵筋内侧，且 ≥0.4l_{ab}。

2. 悬挑梁下部纵筋的配筋构造

悬挑梁下部纵筋在柱（梁、墙）内的锚固长度为 15d。

3. 悬挑梁的箍筋构造

悬挑梁的箍筋与框架梁箍筋构造做法相同，但一般没有加密区与非加密区的要求。

单元 6　识读现浇混凝土楼面和屋面结构施工图

任务 1　识读有梁楼盖板平法施工图

【知识目标】　掌握有梁楼盖平法施工图制图规则，掌握有梁楼盖平法施工图的识读方法。

【能力目标】　能运用有梁楼盖平法施工图制图规则，识读施工图，并明确标注内容的含义。

【素质目标】　增强学生自学和分析、解决问题能力。

【项目与任务描述】

沈阳某公司办公楼为框架-剪力墙结构，地上 5 层，房屋高度为 17.700m，基础为钻孔灌注桩基础。

请以施工单位土建专业技术员的身份，识读有梁楼盖结构施工图，结合 16G101-1 有梁楼盖施工图平面整体表示方法制图规则，撰写有梁楼盖平法施工图识图报告。

【学前储备】

掌握 16G101-1 中的有梁楼盖平法施工图制图规则。

【识读过程】

有梁楼盖板平法施工图是在楼面板或屋面板的平面布置图上，采用平面注写方式来表达其配筋。板平面注写主要包括板块集中标注和板支座原位标注（图 6-1）。

1. 集中标注的内容

板块集中标注的内容为：板块编号，板厚，贯通钢筋以及当板面标高不同时的标高高差（图 6-1）。

（1）板编号（图 6-2）

板编号按表 6-1 规定。同一编号板块的类型、板厚和纵筋均应相同。

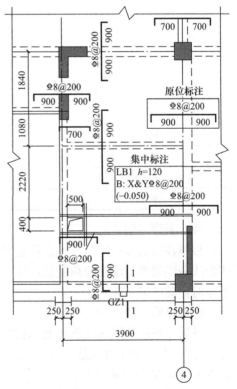

图 6-1　标高 4.150m 板配筋图

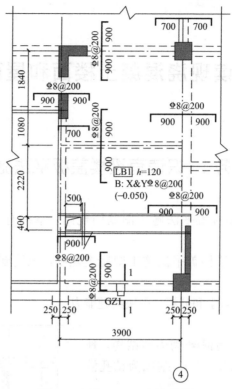

图 6-2　标高 4.150m 板配筋图

板块编号　　　　　　　　　　　　　　　　　　　表 6-1

板类型	代号	序号
楼面板	LB	××
屋面板	WB	××
悬挑板	XB	××

（2）板厚（图 6-3）

板厚注写为 $h=×××$（为垂直于板面的厚度）；当悬挑板的端部改变截面厚度时，用斜线分隔根部与端部的高度值，注写为 $h=×××/×××$；当设计已在图中统一注明板厚时，此项可不注。

（3）纵筋（图 6-4）

纵筋按板块的下部纵筋和上部贯通纵筋分别注写（当板块上部不设贯通钢筋时则不注），并以 B 代表下部纵筋，以 T 代表上部贯通纵筋，B&T 代表上部和下部；X 向纵筋以 X 打头，Y 向纵筋以 Y 打头，两向贯通纵筋配置相同时则以 X&Y 打头。

当为单向板时，分布筋可不必注写，而在图中统一注明。

【拓展提高】

1. 有梁楼盖板上部贯通纵筋的连接构造（图 6-5～图 6-7）

当有梁楼盖板上部贯通纵筋采用搭接连接时，相邻等跨上部贯通纵筋的连接区在跨中的 $l_n/2$（l_n 为板净跨）内，相邻纵筋接头要相互错开，错开净距为 $0.3l_l$（l_l 为纵筋搭接长度）。

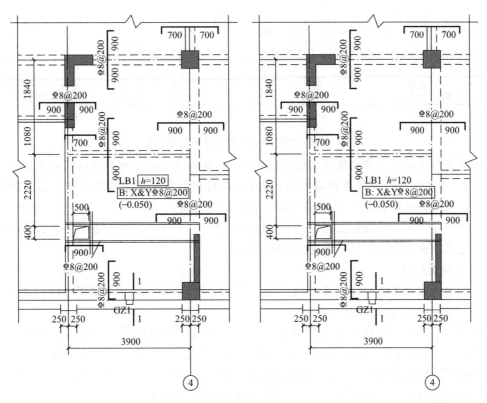

图 6-3 标高 4.150m 板配筋图   图 6-4 标高 4.150m 板配筋图

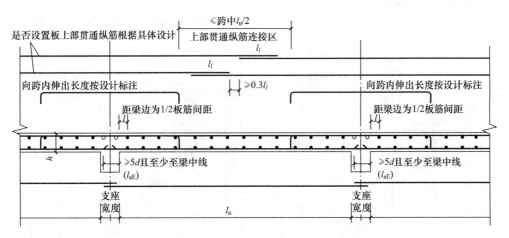

图 6-5 有梁楼盖楼（屋）面板钢筋构造

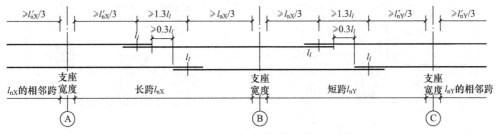

图 6-6 不等跨板上部贯通纵筋连接构造

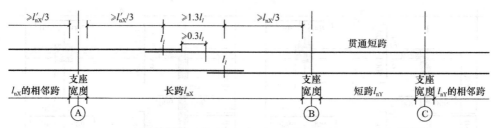

图 6-7 不等跨板上部贯通纵筋连接构造

当有梁楼盖板上部贯通纵筋采用搭接连接时，相邻不等跨上部贯通纵筋的连接接头中点位于 $l_{nX}/2$（l_{nX} 为板相邻两跨净跨的较大值），相邻纵筋接头要相互错开，错开净距为 $0.3l_l$（l_l 为纵筋搭接长度）。当钢筋足够长时，能通则通。

当相邻等跨或不等跨的上部贯通纵筋配置不同时，应将配置较大者越过其标注的跨数终点或起点伸出至相邻跨的跨中连接区域连接。

2. 板构造钢筋

当板内配置构造钢筋时，用 X 向以 Xc，Y 向以 Yc 打头注写，或在图中统一注明。

（4）板面标高高差（图 6-8）

系指相对于结构层楼面标高的高差，若有高差时，需将其写入括号内；无高差时不注。当板的顶面高于所在楼层的结构标高时，其标高高差为正值，反之为负值。

本楼层结构标高为 4.150m，板的顶面标高高差注写为（-0.050）时，则表明该楼面板顶面标高相对于 4.150m 低 0.05m，该楼面板顶面标高为 4.100。

2. 板支座原位标注

板支座原位标注的内容为：板支座上部非贯通钢筋和悬挑板上部受力钢筋（图 6-9）。

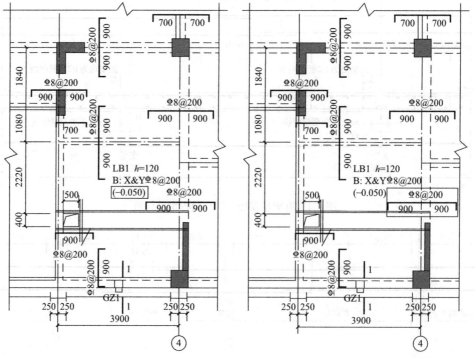

图 6-8 标高 4.150m 板配筋图　　　图 6-9 标高 4.150m 板配筋图

　　板支座原位标注的钢筋，在配置相同跨的第一跨（或梁悬挑部位），垂直于板支座（梁或墙）绘制一段适宜长度的中粗实线，以该线段代表支座上部非贯通纵筋，并在线段上方注写钢筋编号（如①、②等）、配筋值。

　　板支座上部非贯通筋自支座中线向跨内的延伸长度，注写在线段的下方位置。

【拓展提高】

　　1. 钢筋横向连续布置

　　当板支座原位标注的钢筋横向连续布置时，将横向连续布置的跨数以及是否横向布置到梁的悬挑端注写在括号内，括号内注写字母 A 代表横向布置到梁的一端悬挑端，注写字母 B 代表横向布置到梁的两端悬挑端。

　　如：板支座原位标注内容为Φ12@100（2A），表示支座上部非贯通纵筋为Φ12@100，从该跨起沿支承梁连续布置2跨，横向布置到梁的一端悬挑端。

　　2. 板支座上部非贯通筋的延伸长度

　　（1）当中间支座上部非贯通纵筋向支座两侧对称延伸时，可仅在支座一侧线段下方标注延伸长度，另一侧不注（图6-10）。

　　（2）当向支座两侧非对称延伸时，应分别在支座两侧线段下方注写延伸长度（图6-11）。

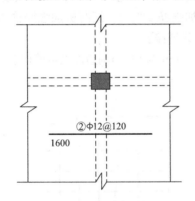
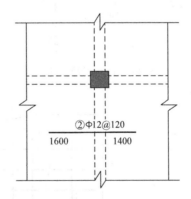

图6-10　板支座上部非贯通筋非对称伸出　　图6-11　板支座上部非贯通筋对称伸出

　　（3）对线段画至对边贯通全跨或贯通全悬挑长度的上部通长纵筋，贯通全跨或延伸至全悬挑一侧的长度值不注，只注明非贯通筋另一侧的延伸长度（图6-12）。

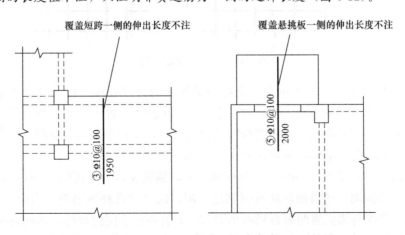

图6-12　板支座非贯通筋贯通全跨或伸出至悬挑端

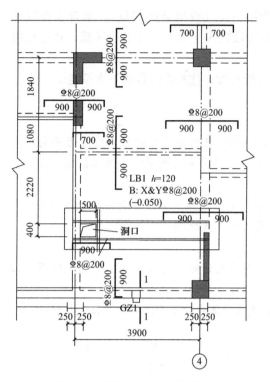

图 6-13　标高 4.150m 板配筋图

3. 板支座上部非贯通纵筋与贯通纵筋并存

当板的上部已配置有贯通纵筋，但需增配板支座上部非贯通纵筋时，应结合已配置的同向贯通纵筋的直径与间距采取"隔一布一"方式配置。"隔一布一"方式，为非贯通纵筋的标注间距与贯通纵筋相同，两者结合后实际间距为标注间距的 1/2。

3. 板开洞（图 6-13）

板开洞，X 向宽度为 500mm，Y 向宽度为 400mm。

根据结构设计总说明，第五条第 9 点，各种设备管道穿过楼板时宜预留孔洞。板孔洞≤300mm 者不予表示，板内受力钢筋绕过洞边不断；板孔洞＞300mm，在洞边板底设置加强筋 2⾦12，短跨板加强筋锚入支座内。

【知识链接】

板开洞 BD 与洞边加强钢筋构造（图 6-14、图 6-15）

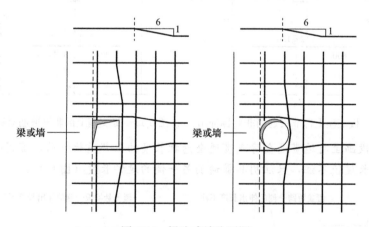

图 6-14　梁边或墙边开洞

当洞口边长或直径≤300mm 时，选择钢筋避让的方式处理。在洞口被切断的钢筋端部构造为板上、下部钢筋分别向下、向上弯折，如果洞口位置未设置上部钢筋，板下部钢筋向上伸至板顶并水平弯折，水平弯折段长度为 5d，d 为板下部钢筋直径，板角增设一根水平分布筋，水平分布筋伸出洞边尺寸为 150mm（图 6-16～图 6-18）。

当洞口边长或直径＞300mm 且≤1000mm 时，钢筋在洞口处需断开并加双排共 16 根加强纵筋，若为圆洞口还需加环向补强钢筋，洞口四周增设补强钢筋，当设计未注写时，X 向、Y 向分别按每边配置两根直径不小于 12mm 且不小于同向被切断纵向钢筋总面积的 50% 补强，补强钢筋与被切断钢筋布置在同一层面，两根补强钢筋之间的净距为 30mm，

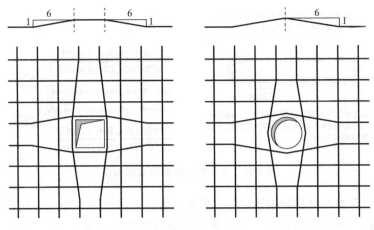

板中开洞

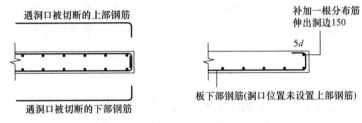

图 6-15 板边被切断钢筋端部构造

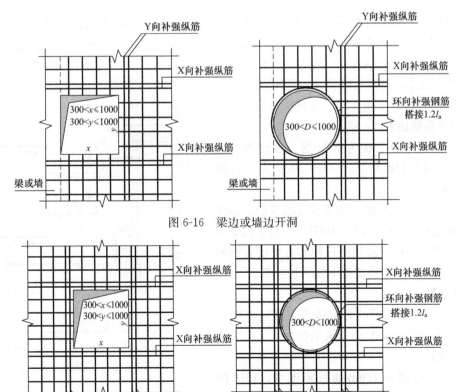

图 6-16 梁边或墙边开洞

图 6-17 板中开洞

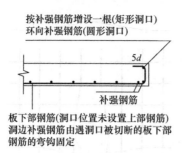
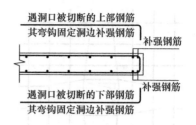

图 6-18　板边被切断钢筋端部构造

补强钢筋的强度等级与被切断钢筋相同。当洞口为圆形洞口时，沿洞口上下各增设一根直径不小于 10mm 的环向补强钢筋，环向补强钢筋的搭接长度为 $1.2l_a$，X 向、Y 向补强钢筋伸入支座的锚固方式与板中钢筋相同。

在洞口被切断的钢筋端部构造为板上、下部钢筋分别向下、向上弯折，如果洞口位置未设置上部钢筋，板下部钢筋向上伸至板顶并水平弯折，水平弯折段长度为 $5d$，d 为板下部钢筋直径，板角增设一根水平分布筋，水平分布筋伸出洞边尺寸为 150mm。

任务 2　计算有梁楼盖板下部纵筋长度

【知识目标】　掌握有梁楼盖平法施工图制图规则；掌握有梁楼盖钢筋种类和构造要求。

【能力目标】　能运用有梁楼盖平法施工图制图规则，识读施工图；能结合有梁楼盖平法标注内容和钢筋构造要求，计算有梁楼盖下部纵筋长度。

【素质目标】　训练学生获取、分析信息的能力。

【项目与任务描述】

沈阳某公司办公楼为框架-剪力墙结构，地上 5 层，房屋高度为 17.700m，基础为钻孔灌注桩基础。

请以施工单位土建专业技术员的身份，识读有梁楼盖结构施工图，结合 16G101-1 有梁楼盖施工图平面整体表示方法制图规则和有梁楼盖钢筋构造要求，计算有梁楼盖板下部纵筋长度。

【学前储备】

掌握 16G101-1 中的有梁楼盖平法施工图制图规则、有梁楼（屋）面板配筋构造。

【计算过程】

1. 识读标高 4.150m 板配筋图中，LB1 的集中标注和原位标注（图 6-19）

根据 LB1 集中标注：

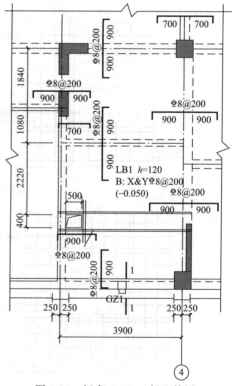

图 6-19　标高 4.150m 板配筋图

LB1 板厚为 120mm，板下部纵筋为 X 向、Y 向均为Φ8@200。

2. 计算 LB1 下部纵筋长度

【知识链接】

有梁楼盖楼（屋）面板配筋构造（图 6-20～图 6-22）

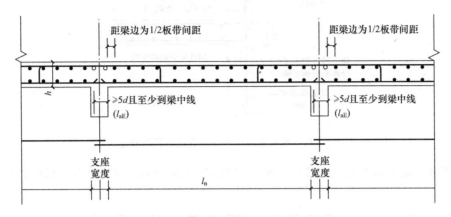

图 6-20 　有梁楼盖楼（屋）面钢筋构造

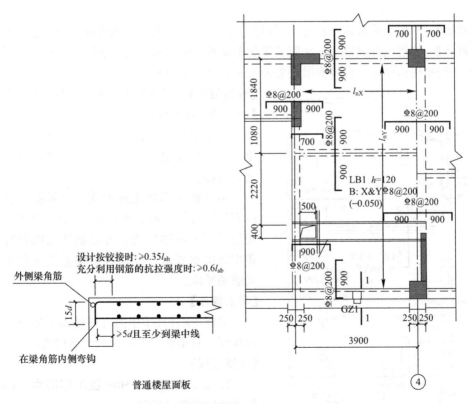

图 6-21 　板在端部支座为梁的锚固构造　　图 6-22 　标高 4.150m 板配筋图

板下部纵筋伸入支座的锚固长度≥5d 且至少到梁中线（d 为板下部纵筋直径）。

X 向板下部纵筋长度＝左端支座梁宽度/2＋l_{nX}（板净跨）＋右端支座梁宽度/2

Y 向板下部纵筋长度＝左端支座梁宽度/2＋l_{nY}（板净跨）＋右端支座梁宽度/2

【拓展提高】

板在端部支座为剪力墙的锚固构造（图 6-23）

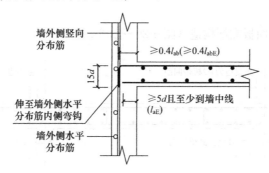

墙外侧竖向
分布筋

$\geqslant 0.4l_{ab}(\geqslant 0.4l_{abE})$

伸至墙外侧水平
分布筋内侧弯钩

$\geqslant 5d$ 且至少到墙中线
(l_{aE})

墙外侧水平
分布筋

图 6-23　板在端部支座为剪力墙的锚固构造

板下部纵筋伸入支座的锚固长度为 $\geqslant 5d$ 且至少到墙中线（d 为板下部纵筋直径）。

任务 3　计算有梁楼盖板支座上部非贯通筋长度

【知识目标】　掌握有梁楼盖平法施工图制图规则；掌握有梁楼盖钢筋种类和构造要求。

【能力目标】　能运用有梁楼盖平法施工图制图规则，识读施工图；能结合有梁楼盖平法标注内容和钢筋构造要求，计算有梁楼盖板支座上部非贯通筋长度。

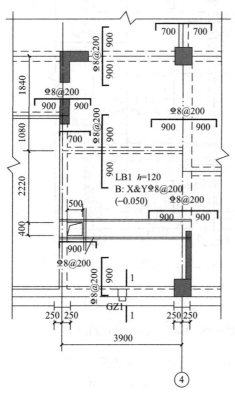

图 6-24　标高 4.150m 板配筋图

【素质目标】　训练学生获取、分析信息的能力。

【项目与任务描述】

沈阳某公司办公楼为框架-剪力墙结构，地上 5 层，房屋高度为 17.700m，基础为钻孔灌注桩基础。

请以施工单位土建专业技术员的身份，识读有梁楼盖结构施工图，结合 16G101-1 有梁楼盖施工图平面整体表示方法制图规则和有梁楼盖钢筋构造要求，计算有梁楼盖板支座上部非贯通筋长度。

【学前储备】

掌握 16G101-1 中的有梁楼盖平法施工图制图规则、有梁楼（屋）面板配筋构造。

【计算过程】

1. 识读标高 4.150m 板配筋图中，LB1 的集中标注和原位标注

根据 LB1 集中标注：

LB1 板厚为 120mm。

板下部纵筋为 X 向、Y 向均为 $\Phi 8@200$。

根据 LB1 原位标注：

板各支座上部非贯通筋均为Φ8@200。

2. 计算 LB1 支座上部非贯通筋长度

（1）计算 LB1 中间支座处上部非贯通筋长度

【知识链接】

有梁楼盖楼（屋）面板配筋构造

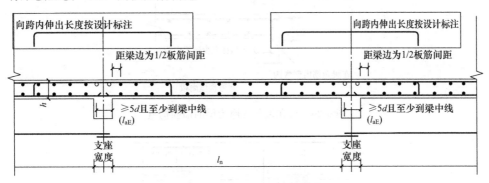

有梁楼盖楼（屋）面板钢筋构造

板上部非贯通筋分别在中间支座处从梁中线向跨内伸至延伸长度处弯折，弯折段伸至板底（图 6-25）。

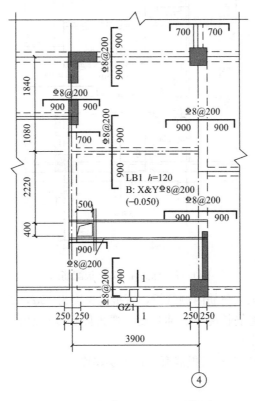

图 6-25　标高 4.150m 板配筋图

中间支座处上部非贯通筋长度＝2×延伸长度＋2×弯折段长度

弯折段长度＝h（板厚度）－c（板混凝土保护层厚度）

（2）计算 LB1 端支座处上部非贯通筋长度

【知识链接】

有梁楼盖楼（屋）面板配筋构造（图 6-26、图 6-27）

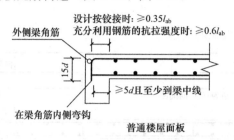

图 6-26　板在端部支座为梁的锚固构造

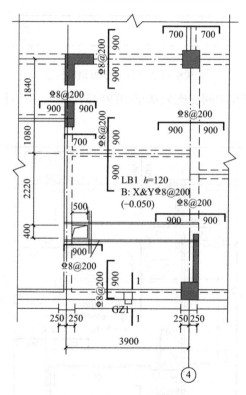

图 6-27　标高 4.150m 板配筋图

　　板上部非贯通筋伸至梁角筋内侧弯折，弯折段长度为 15d，d 为板上部非贯通筋直径。

　　端支座处上部非贯通筋长度＝延伸长度＋弯折段长度（板内）＋梁内锚固长度（从梁中线开始在梁内的锚固长度）。

　　弯折段长度＝h（板厚度）－c（板混凝土保护层厚度）

任务 4　计算有梁楼盖板钢筋根数

【知识目标】　掌握有梁楼盖平法施工图制图规则；掌握有梁楼盖钢筋种类和构造要求。

【能力目标】 能运用有梁楼盖平法施工图制图规则，识读施工图；能结合有梁楼盖平法标注内容和钢筋构造要求，计算有梁楼盖板钢筋根数。

【素质目标】 训练学生获取、分析信息的能力。

【项目与任务描述】

沈阳某公司办公楼为框架-剪力墙结构，地上 5 层，房屋高度为 17.700m，基础为钻孔灌注桩基础。

请以施工单位土建专业技术员的身份，识读有梁楼盖结构施工图，结合 16G101-1 有梁楼盖施工图平面整体表示方法制图规则和有梁楼盖钢筋构造要求，计算有梁楼盖板钢筋根数。

【学前储备】

掌握 16G101-1 中的有梁楼盖平法施工图制图规则、有梁楼（屋）面板配筋构造。

【计算过程】

1. 识读标高 4.150m 板配筋图中，LB1 的集中标注和原位标注（图 6-28）

根据 LB1 集中标注：

LB1 板厚为 120mm。

板下部纵筋为 X 向、Y 向均为 $\Phi 8@200$。

根据 LB1 原位标注：

板各支座上部非贯通筋均为 $\Phi 8@200$。

2. 计算 LB1 支座下部纵筋根数

【知识链接】

有梁楼盖楼（屋）面板配筋构造（图 6-29）

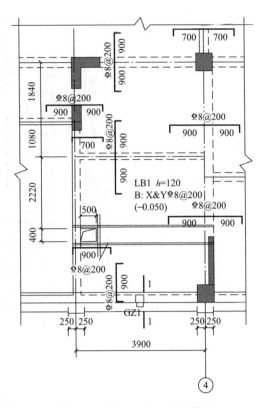

图 6-28 标高 4.150m 板配筋图

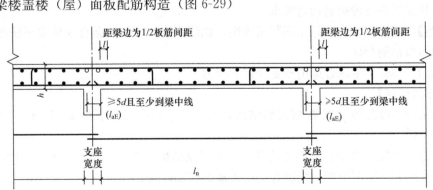

图 6-29 有梁楼盖楼（屋）面板钢筋构造

板钢筋第一根的起始位置为距梁边 1/2 板筋间距（图 6-30）。

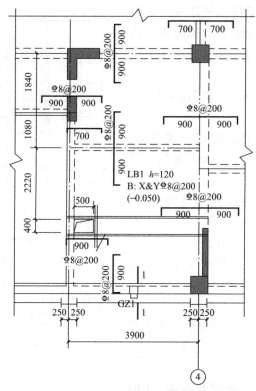

图 6-30　标高 4.150m 板配筋图

板下部纵筋根数为：

$$\frac{l_n - 2 \times (板筋间距/2)}{板筋间距} + 1$$

任务 5　根据有梁楼盖板平法施工图进行板钢筋翻样

【知识目标】 掌握有梁楼盖板平法施工图制图规则，掌握有梁楼盖板平法施工图的识读方法和有梁楼盖板内各种钢筋构造要求。

【能力目标】 能运用梁平法施工图制图规则，识读施工图，并根据有梁楼盖平法施工图进行有梁楼盖板钢筋翻样。

【素质目标】 增强学生综合运用专业知识的能力。

【项目与任务描述】

　　沈阳某公司办公楼为框架-剪力墙结构，地上 5 层，房屋高度为 17.700m，基础为钻孔灌注桩基础。

　　请以施工单位土建专业技术员的身份，识读梁结构施工图，结合 16G101-1 梁施工图平面整体表示方法制图规则，绘制有梁楼盖板钢筋翻样图。

【学前储备】

　　掌握 16G101-1 中的有梁楼盖平法施工图制图规则，有梁楼盖板内各种钢筋构造要求。

【工作过程】（图 6-31）

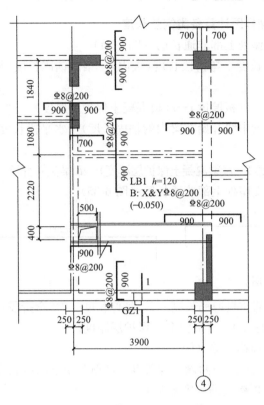

图 6-31　标高 4.150m 板配筋图

1. 根据 LB1 截面图绘制框架有梁楼盖板钢筋翻样图（图 6-32、图 6-33）

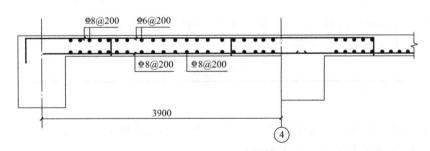

图 6-32　LB1 截面图

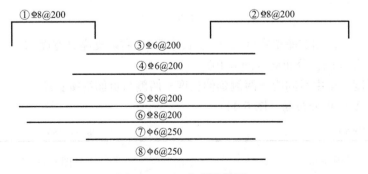

图 6-33　LB1 钢筋翻样图

2. 根据 LB1 钢筋翻样图计算各类钢筋长度

（1）①号为板端支座处上部非通长筋（图 6-34）

①号筋长度＝延伸长度＋弯折段长度(板内)＋梁内锚固长度(从梁中线开始在梁内的锚固长度)

弯折段长度(板内)＝h(板厚度)－c(板混凝土保护层厚度)

梁内锚固长度（从梁中线开始在梁内的锚固长度）＝水平段长度＋15d，d 为上部非通长筋直径

水平段长度＝梁宽度/2－c(梁混凝土保护层厚度)－d(梁箍筋直径)－d(梁外侧角筋直径)

（2）②号为板中间支座处上部非通长筋（图 6-35）

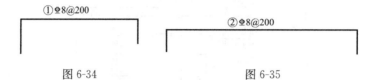

①⚲8@200　　　　　②⚲8@200

图 6-34　　　　　　　图 6-35

②号中间支座处上部非贯通筋长度＝2×延伸长度＋2×弯折段长度

弯折段长度＝h(板厚度)－c(板混凝土保护层厚度)

（3）③号为 X 向板顶构造筋（图 6-36）

③号筋长度＝梁中线间距－两侧延伸长度＋两侧与负筋搭接长度

（4）④号为 Y 向板顶构造筋（图 6-37）

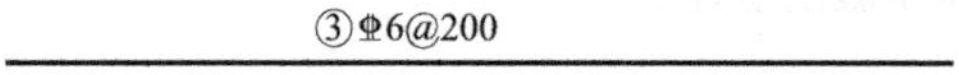

③⚲6@200　　　　　　　　　④⚲6@200

图 6-36 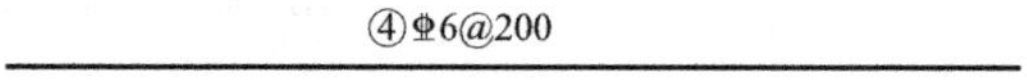　　　　　　　　　图 6-37

④号筋长度＝梁中线间距－两侧延伸长度＋两侧与负筋搭接长度

（5）⑤号为 Y 向板下部纵筋（图 6-38）

⑤⚲8@200

图 6-38

⑤号筋长度＝左端支座梁宽度/2＋l_{nY}(板净跨)＋右端支座梁宽度/2

（6）⑥号 X 向板下部纵筋（图 6-39）

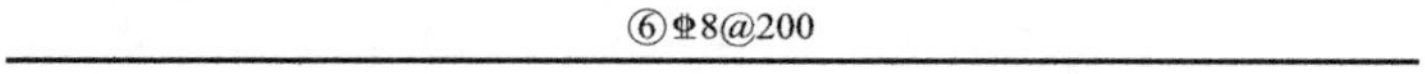

⑥⚲8@200

图 6-39

⑥号筋长度＝左端支座梁宽度/2＋l_{nX}(板净跨)＋右端支座梁宽度/2

（7）⑦号为 X 向板分布筋（图 6-40）

⑦号筋长度＝梁中线间距－两侧延伸长度＋两侧与负筋搭接长度

（8）⑧号 Y 向板分布筋（图 6-41）

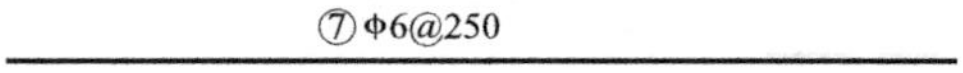

⑦Φ6@250　　　　　　　　　⑧Φ6@250

图 6-40 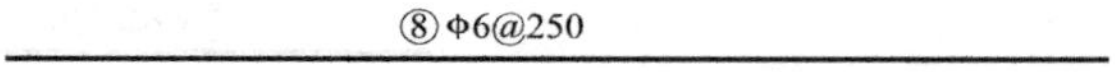　　　　　　　　　图 6-41

⑧号筋长度＝梁中线间距－两侧延伸长度＋两侧与负筋搭接长度

课外延伸 1　悬挑板钢筋构造

1. 纯悬挑板钢筋构造（图6-42）

纯悬挑板的配筋可以是双层配筋，也可以是单层配筋；

纯悬挑板的上部纵筋伸至支座梁外侧角筋内侧，另一端一直延伸到悬挑端，弯折至悬挑板底部；

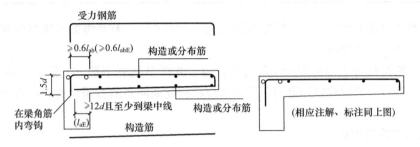

图 6-42　纯悬挑板钢筋构造

当纯悬挑板的配筋是双层配筋时，纯悬挑板下部纵筋在梁支座内直锚，直锚长度为 $12d$，d 为下部纵筋直径；

平行于梁支座的悬挑板上、下部纵筋第一根的起始位置为距梁角筋 1/2 板筋间距。

2. 延伸悬挑板钢筋构造（图6-43）

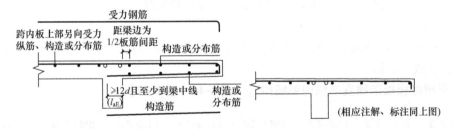

图 6-43　延伸悬挑板钢筋构造

延伸悬挑板的配筋可以是双层配筋，也可以是单层配筋；

延伸悬挑板的上部纵筋与相邻跨板内的上部纵筋相贯通并一直延伸到悬挑端，弯折至悬挑板底部；

当延伸悬挑板的配筋是双层配筋时，延伸悬挑板下部纵筋在梁支座内直锚，直锚长度为 $12d$，d 为下部纵筋直径；

平行于梁支座的悬挑板上、下部纵筋第一根的起始位置为距梁角筋 1/2 板筋间距。

课外延伸 2　无梁楼盖板平法施工图的识读

1. 无梁楼盖板平法施工图的表示方法

无梁楼盖板平面注写主要有板带集中标注、板带支座原位标注两部分内容。

2. 板带集中标注

注写位置：贯通纵筋配置相同跨的第一跨（X 向为左端跨，Y 向为下端跨）。

具体内容：板带编号（表 6-2）、板带厚度、板带宽、贯通纵筋。

板带编号   表 6-2

板带类型	代号	序号	跨数及有无悬挑
柱上板带	ZSB	××	（××）或（××A）或（××B）
跨中板带	KZB	××	（××）或（××A）或（××B）

板带厚注写为 $h=\times\times\times$，板带宽注写为 $b=\times\times\times$。无梁楼盖整体厚度和板带宽度已在图中注明时，此项可不注。

贯通纵筋按板带下部和板带上部分别注写，并以 B 代表下部，T 代表上部，B&T 代表下部和上部。当采用放射配筋时，设计者应注明配筋间距的度量位置，必要时补绘配筋平面图。

3. 板带支座原位标注

标注位置：柱上板带实线段贯穿柱上区域绘制；跨中板带实线段横贯柱网绘制。

具体内容：板带支座上部非贯通纵筋。

标注形式：以一段与板带同向的中粗实线段代表板带支座上部非贯通纵筋。在线段上方注写钢筋编号、配筋值、下方注写自支座中线向两侧跨内的伸出长度。

4. 无梁楼盖—暗梁

暗梁平面注写包括：暗梁集中标注和暗梁支座原位标注。

表示方法：在柱轴线处画中粗虚线表示暗梁。

集中标注内容：暗梁编号、暗梁截面尺寸（箍筋外皮宽度×板厚）、暗梁箍筋、暗梁上部通长筋或架立筋。

5. 无梁楼板板带端支座纵向钢筋构造（图 6-44～图 6-47）

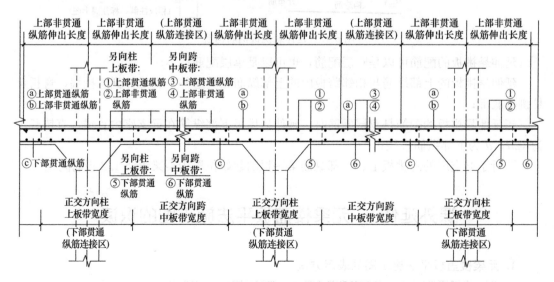

图 6-44　柱上板带 ZSB 纵向钢筋构造

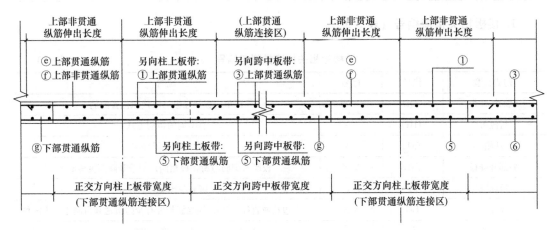

图 6-45　跨中板带 KZB 纵向钢筋构造

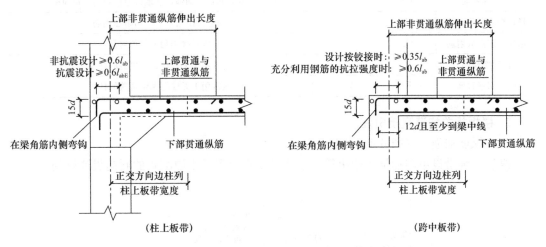

图 6-46　板带端支座纵向钢筋构造

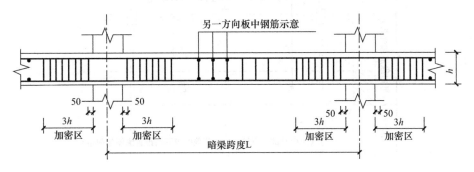

图 6-47　柱上板带暗梁钢筋构造

课外延伸 3　楼板相关构造

楼板相关构造的平法施工图设计，系在板平法施工图上采用直接引注方式表达。

1. 楼板相关构造编号（表6-3）

楼板相关构造类型与编号   表6-3

构造类型	代号	序号	说明
纵筋加强带	JQD	××	以单向板加强纵筋取代原位置配筋
后浇带	HJD	××	有不同的留筋方式
柱帽	ZMx	××	适用于无梁楼盖
局部升降板	SJB	××	板厚及配筋与所在板相同；构造升降高度≤300
板加腋	JY	××	腋高与腋宽可选注
板开洞	BD	××	最大边长或直径<1m；加强筋长度有全跨贯通和自洞边锚固两种
板翻边	FB	××	翻边高度≤300
角部加强筋	Crs	××	以上部双向非贯通加强钢筋取代原位置的非贯通配筋
悬挑板阴角附加筋	Cis	××	板悬挑阴角上部斜向附加钢筋
悬挑板阳角放射筋	Ces	××	板悬挑阳角上部放射筋
抗冲切箍筋	Rh	××	通常用于无柱帽无梁楼盖的柱顶
抗冲切弯起筋	Rb	××	通常用于无柱帽无梁楼盖的柱顶

2. 楼板相关构造直接引注

（1）纵筋加强带（图6-48～图6-50）

纵筋加强带设单向加强贯通纵筋，取代其所在位置板中原配置的同向贯通纵筋。

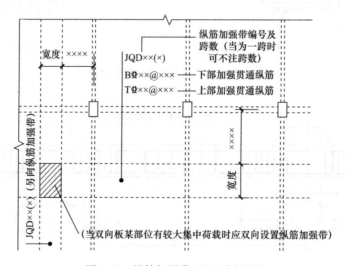

图6-48 纵筋加强带JQD引注图示

（2）后浇带

后浇带引注内容：

后浇带编号及留筋方式：贯通，100%搭接；后浇带混凝土的强度等级C××。宜采用补偿收缩混凝土，设计应注明相关施工要求；当后浇带区域留筋方式或后浇混凝土强度等级不一致时，设计者应在图中注明与图示不一致的部位及做法。

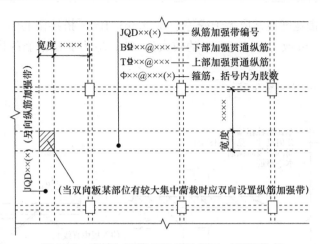

图 6-49　纵筋加强带 JQD 引注图示（暗梁形式）

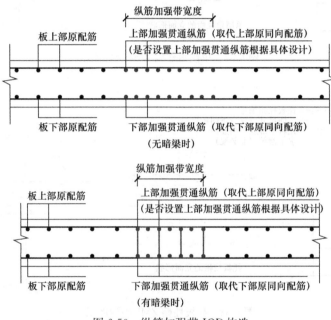

图 6-50　纵筋加强带 JQD 构造

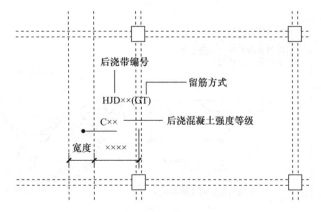

图 6-51　后浇带 HJD 引注图示

贯通筋的后浇带宽度通常取大于或等于 800mm；100％搭接留筋的后浇带宽度通常取 800mm 与（l_l＋60mm 或 l_{lE}＋60mm）的较大值（l_l、l_{lE}为受拉钢筋的搭接长度、受拉钢筋的抗震搭接长度）。

（3）柱帽（图 6-52～图 6-55）

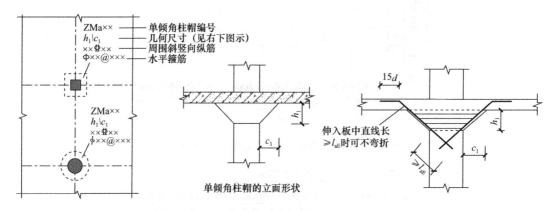

图 6-52 单倾角柱帽 ZMa 引注图示

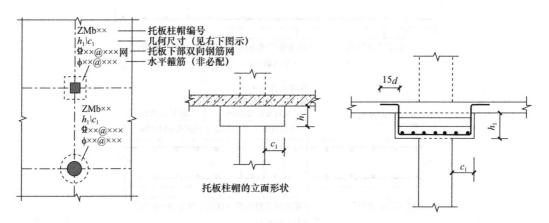

图 6-53 托板柱帽 ZMb 引注图示

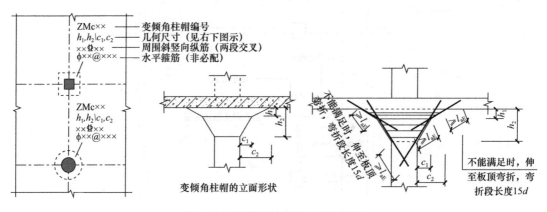

图 6-54 变倾角柱帽 ZMc 引注图示

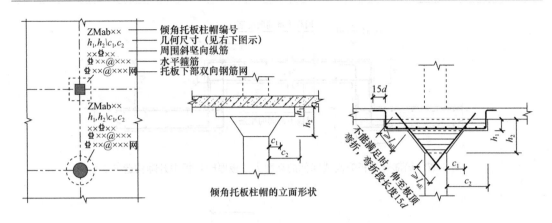

图 6-55　倾角托板柱帽 ZMab 引注图示

（4）局部升降板（图 6-56～图 6-60）

局部升降板引注内容：

局部升降板的编号、板厚、壁厚、配筋、降低（或升高）的标高高差。

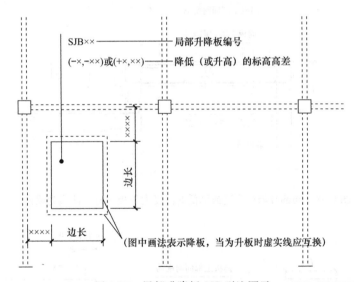

图 6-56　局部升降板 SJB 引注图示

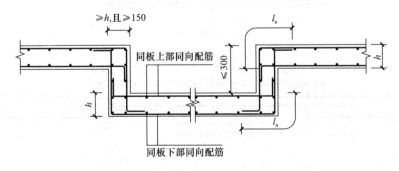

图 6-57　局部升降板升高或降低的高度大于板厚时，板中升降构造（一）

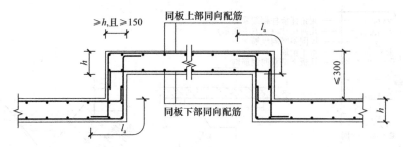

图 6-57　局部升降板升高或降低的高度大于板厚时，板中升降构造（二）

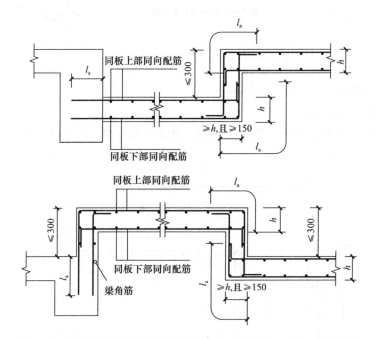

图 6-58　局部升降板升高或降低的高度大于板厚时，侧边为梁构造

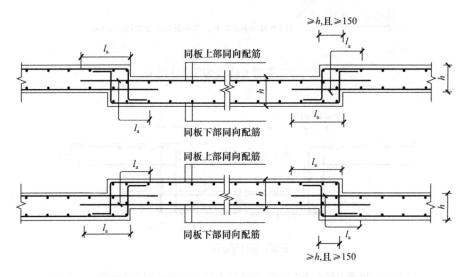

图 6-59　局部升降板升高或降低的高度小于板厚时，板中升降构造（一）

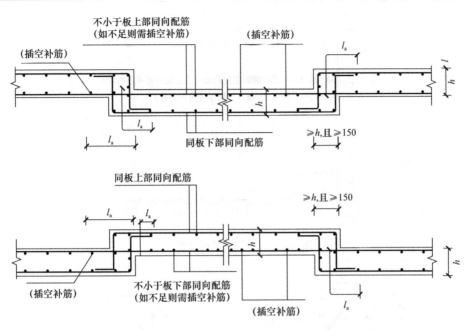

图 6-59　局部升降板升高或降低的高度小于板厚时，板中升降构造（二）

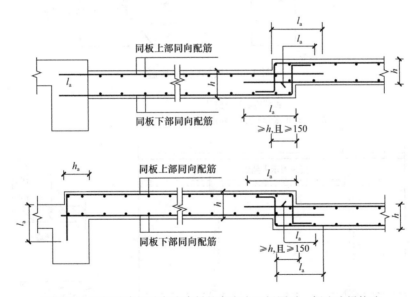

图 6-60　局部升降板升高或降低的高度小于板厚时，侧边为梁构造

（5）板加腋

板加腋引注内容（图 6-61、图 6-62）：

板加腋编号及跨数、腋高、腋宽、配筋。当为板底加腋时腋线为虚线，板面加腋时为实线。

（6）板翻边（图 6-63、图 6-64）

板翻边引注内容：

板翻边编号及跨数、翻边宽、翻边高。

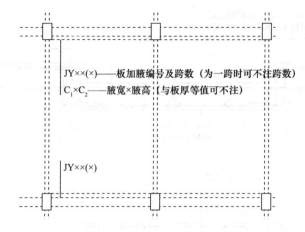

图 6-61　板加腋 JY 引注图示

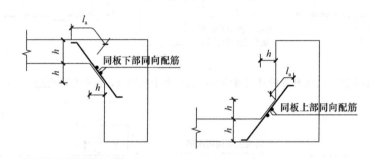

图 6-62　板加腋 JY 构造

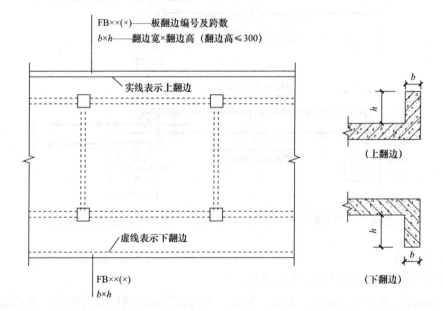

图 6-63　板翻边 FB 引注图示

（7）板角部加强筋（图 6-65）

角部加强筋在其分布范围内取代原配置的板支座上部非贯通纵筋，且当其分布范围内配有板上部贯通纵筋时间隔布置。

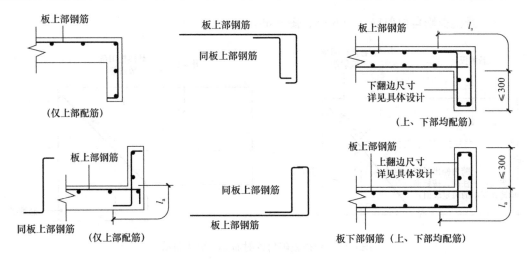

图 6-64　板翻边 FB 构造

（8）悬挑板阴角附加筋（图 6-66，图 6-67）

悬挑板阴角附加筋设置在板上部悬挑受力钢筋的下面。

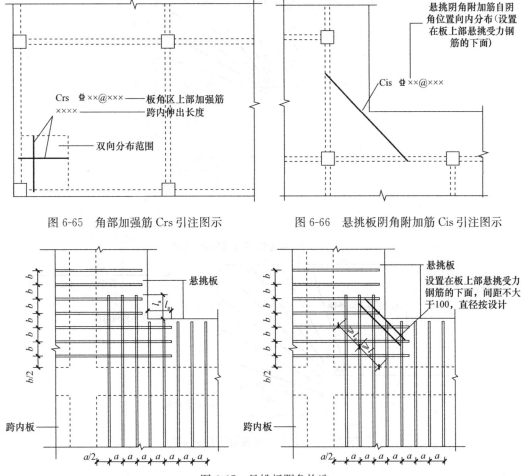

图 6-65　角部加强筋 Crs 引注图示　　图 6-66　悬挑板阴角附加筋 Cis 引注图示

图 6-67　悬挑板阴角构造

（9）悬挑板阳角放射筋（图 6-68、图 6-69）

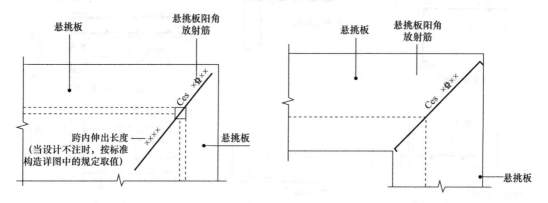

图 6-68　悬挑板阳角放射筋 Ces 引注图示

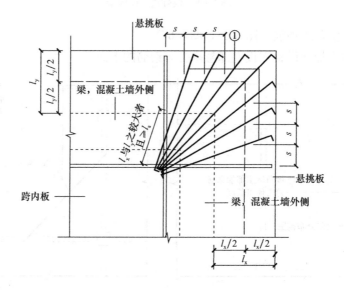

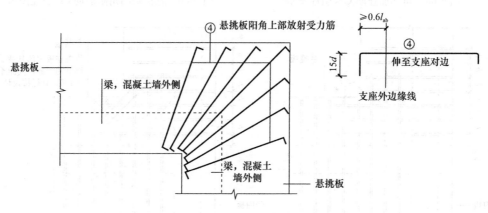

图 6-69　悬挑板阳角放射筋 Ces 构造

单元 7 识读剪力墙平法施工图

任务 1 识读剪力墙平法施工图

【知识目标】 掌握剪力墙平法施工图制图规则，掌握剪力墙平法施工图的识读方法。

【能力目标】 能运用剪力墙平法施工图制图规则，识读施工图，并明确标注内容的含义。

【素质目标】 增强学生自学和分析、解决问题能力。

【项目与任务描述】

沈阳某公司办公楼为框架-剪力墙结构，地上 5 层，房屋高度为 17.700m，基础为钻孔灌注桩基础。

请以施工单位土建专业技术员的身份，识读剪力墙结构施工图，结合 16G101-1 剪力墙施工图平面整体表示方法制图规则，撰写剪力墙平法施工图识图报告。

【学前储备】

掌握 16G101-1 中的剪力墙平法施工图制图规则。

【识读过程】

剪力墙平法施工图是在剪力墙平面布置图上采用列表注写方式和截面注写方式表达（图 7-1）。

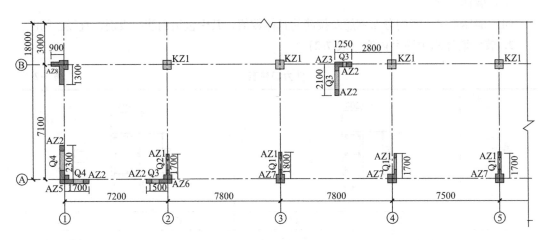

图 7-1 剪力墙平面布置图

列表注写方式，是分别在剪力墙身表、剪力墙柱表和剪力墙梁表中，对应于剪力墙平面布置图上的编号，用绘制截面配筋图并注写几何尺寸与配筋具体数值的方式，来表达剪力墙平法施工图。

1. 剪力墙身表中注写内容（表7-1）

剪力墙身表　　　　　　　　　　　　　　　　　　表7-1

编号	标高	墙厚	水平分布筋	垂直分布筋	拉筋
Q1（2排）	基础顶～4.150m	200	Φ10@150	Φ10@200	Φ6@400@400
	4.150～8.350m	200	Φ10@200	Φ10@200	Φ6@600@600
	8.350～12.550m	200	Φ8@200	Φ10@200	Φ6@600@600
	12.550～16.800m	200	Φ8@200	Φ10@200	Φ6@600@600
Q2（2排）	基础顶～4.150m	200	Φ10@150	Φ10@150	Φ6@400@400
	4.150～8.350m	200	Φ10@150	Φ10@150	Φ6@600@600
	8.350～12.550m	200	Φ10@200	Φ10@200	Φ6@600@600
	12.550～16.800m	200	Φ8@200	Φ10@200	Φ6@600@600
Q3（2排）	基础顶～4.150m	300	Φ14@100	Φ14@150	Φ6@400@400
	4.150～8.350m	300	Φ14@150	Φ14@150	Φ6@600@600
	8.350～12.550m	300	Φ14@200	Φ12@200	Φ6@600@600
	12.550～16.800m	300	Φ12@200	Φ10@200	Φ6@600@600
Q4（2排）	基础顶～4.150m	300	Φ16@100	Φ16@150	Φ6@400@400
	4.150～8.350m	300	Φ14@150	Φ14@150	Φ6@600@600
	8.350～12.550m	300	Φ14@200	Φ12@200	Φ6@600@600
	12.550～16.800m	300	Φ12@200	Φ10@200	Φ6@600@600

（1）墙身编号：Q××（×排），括号内为水平与竖向分布钢筋排数。

（2）各段墙身的起止标高，是自墙身根部往上以变截面位置或截面未变但配筋改变处为界分段注写。

（3）墙体厚度。

（4）墙体水平、竖向分布钢筋及拉筋的具体数值，其中包括钢筋的级别、直径、间距。

2. 剪力墙柱表中注写内容（表7-2）

剪力墙柱表　　　　　　　　　　　　　　　　　　表7-2

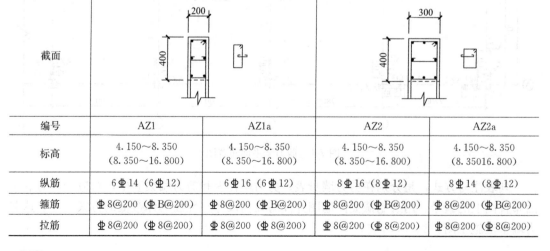

截面				
编号	AZ1	AZ1a	AZ2	AZ2a
标高	4.150～8.350 (8.350～16.800)	4.150～8.350 (8.350～16.800)	4.150～8.350 (8.350～16.800)	4.150～8.350 (8.350 16.800)
纵筋	6Φ14（6Φ12）	6Φ16（6Φ12）	8Φ16（8Φ12）	8Φ14（8Φ12）
箍筋	Φ8@200（ΦB@200）	Φ8@200（ΦB@200）	Φ8@200（ΦB@200）	Φ8@200（ΦB@200）
拉筋	Φ8@200（Φ8@200）	Φ8@200（Φ8@200）	Φ8@200（Φ8@200）	Φ8@200（Φ8@200）

（1）注写墙柱编号、绘制墙柱的截面配筋图、标注墙柱的几何尺寸。剪力墙柱编号是由墙柱类型代号和序号组成。表达形式见表7-3。

剪力墙柱编号
表 7-3

墙柱类型	代号	序号
约束边缘构件	YBZ	××
构造边缘构件	GBZ	××
非边缘暗柱	AZ	××
扶壁柱	FBZ	××

约束边缘构件包括约束边缘暗柱、约束边缘端柱、约束边缘翼墙、约束边缘转角墙四种。如图 7-2 所示。

构造边缘构件包括构造边缘暗柱、构造边缘端柱、构造边缘翼墙、构造边缘转角墙四种。如图 7-3 所示。

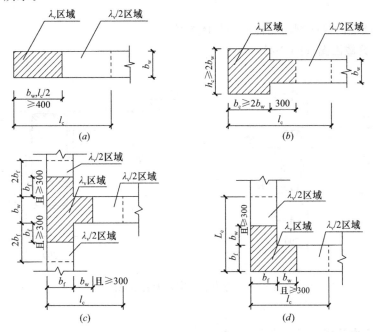

图 7-2 约束边缘构件

（a）约束边缘暗柱；（b）约束边缘端柱；（c）约束边缘翼墙（柱）；（d）约束边缘转角墙（柱）

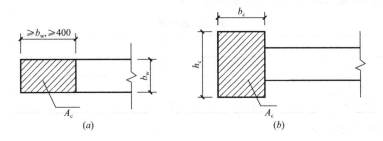

图 7-3 构造边缘构件（一）

（a）构造边缘暗柱；（b）构造边缘端柱

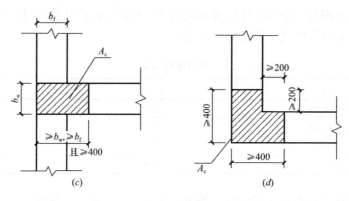

图7-3 构造边缘构件（二）

(c) 构造边缘翼墙（柱）；(d) 构造边缘转角墙（柱）

（2）各段墙柱的起止标高，是自墙柱根部往上以变截面位置或截面未变但配筋改变处为界分段注写。

（3）各段墙柱的纵向钢筋和箍筋的具体数值。

3. 剪力墙梁截面图（图7-4）

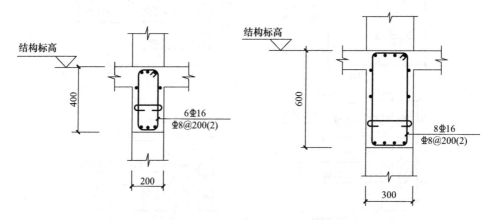

图7-4 剪力墙楼层处配筋示意图

【拓展提高】

剪力墙梁表中注写内容（表7-4、表7-5）

（1）墙梁编号。

剪力墙梁编号是由墙梁类型代号和序号组成。

剪力墙梁编号   表7-4

墙梁类型	代号	序号
连梁	LL	××
暗梁	AL	××
边框梁	BKL	××

（2）墙梁所在楼层号。

（3）墙梁顶面标高高差。墙梁顶面标高高差是指相对于墙梁所在结构层楼面标高的高差值。

（4）墙梁截面尺寸 $b \times h$、上部纵筋、下部纵筋和箍筋的具体数值。

（5）当连梁设有对角暗撑时［代号为 LL（JC）××］，注写暗撑截面尺寸，注写一根暗撑的全部纵筋，并标注×2 表明有两根暗撑相互交叉，以及箍筋的具体数值。

（6）当连梁设有交叉斜筋时［代号为 LL（JG）××］，注写连梁一侧对角斜筋的配筋值，并标注×2 表明对称设置。

剪力墙梁表   表 7-5

编号	所在楼层号	梁顶相对标高高差	梁截面 $b \times h$	上部纵筋	下部纵筋	箍筋
LL1	1～3	0.500	200×1500	3φ22	3φ22	φ10@150（2）
	4～屋面	0.500	200×1800	4φ22	4φ22	φ10@150（2）
LL2	1～3	−0.900	200×1500	3φ20	3φ20	φ10@150（2）
	4～屋面	−0.900	200×1800	4φ22	4φ22	φ10@150（2）

【拓展提高】

截面注写方式（图 7-5）

截面注写方式是指在分标准层绘制的剪力墙平面布置图上，以直接在墙柱、墙身、墙梁上注写截面尺寸和配筋具体数值的方式来表达剪力墙平法施工图。如图剪力墙截面注写法。

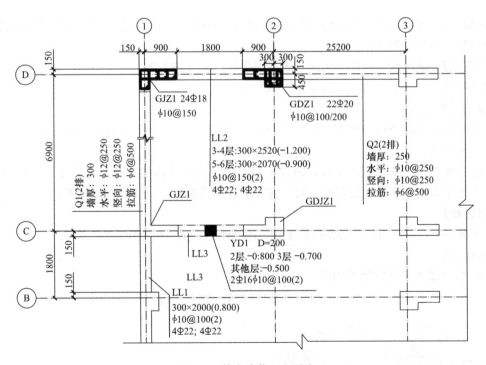

图 7-5 剪力墙截面注写法

注写方式按以下规定进行：

（1）从相同编号的墙柱中选择一个截面，注明几何尺寸，标注全部纵筋及箍筋的具体数值（其箍筋表达方式同柱的箍筋，对于墙柱纵筋搭接长度范围内的箍筋间距要求亦与柱中的相关要求相同）。

（2）从相同编号的墙身中选择一道墙身，按顺序引注的内容为：墙身编号（应包括注写在括号内墙身所配置的水平与竖向分布钢筋的排数）、墙厚尺寸、水平分布钢筋、竖向分布钢筋和拉筋的具体数值。

（3）从相同编号的墙梁中选择一根墙梁，按顺序引注的内容为：

1）注写：墙梁编号、墙梁截面尺寸 $b\times h$、墙梁箍筋、上部纵筋、下部纵筋和墙梁顶面标高高差的具体数值。

2）当连梁设有对角暗撑时，还要以 JC 打头附加注写一根暗撑的全部纵筋，并标注×2表示有两根暗撑相互交叉，以及箍筋的具体数值（用斜线分隔斜向交叉暗撑箍筋的加密区与非加密区的不同间距）。

当连梁设有交叉钢筋时，还要以 JX 打头附加注写一道斜向钢筋的配筋值，并标注×2表明有两道斜向钢筋相互交叉。

当墙身水平分布钢筋不能满足连梁、暗梁及边框梁的梁侧面纵向构造钢筋的要求时，应补充注明梁侧面纵筋的具体数值，注写时，以大写字母 N 打头，接续注写直径与间距。

任务2 识读剪力墙平法施工图-剪力墙身

【知识目标】 掌握剪力墙平法施工图制图规则，掌握剪力墙平法施工图的识读方法和剪力墙身各种钢筋构造要求。

【能力目标】 能运用剪力墙平法施工图制图规则，识读施工图。

【素质目标】 增强学生综合运用专业知识的能力。

【项目与任务描述】

沈阳某公司办公楼为框架-剪力墙结构，地上5层，房屋高度为17.700m，基础为钻孔灌注桩基础。

请以施工单位土建专业技术员的身份，识读剪力墙结构施工图，结合16G101-1 剪力墙施工图平面整体表示方法制图规则，剪力墙身钢筋构造，识读剪力墙身图。

【学前储备】

掌握16G101-1 中的剪力墙平法施工图制图规则，钢筋构造要求。

【识读过程】

1. 剪力墙水平分布钢筋构造

（1）剪力墙水平分布钢筋在端部有暗柱时端部做法（图7-6、图7-7）

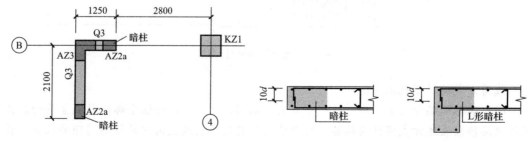

图 7-6 标高 4.150～16.800 剪力墙柱平面布置图　图 7-7 端部有暗柱时剪力墙水平钢筋端部做法

Q3 墙身两侧水平分布钢筋紧贴暗柱角筋内侧做 90°弯折，弯折段长度为 10d，如图端部有暗柱时剪力墙水平钢筋端部做法。

剪力墙水平分布钢筋的搭接长度为≥1.2l_{aE}，相邻搭接接头相互错开，错开的净距为≥500mm。

【拓展提高】

端部无暗柱时剪力墙水平分布钢筋端部做法（图 7-8）

墙身两侧水平分布钢筋伸至墙体端部做 90°弯折，弯折段长度为 10d，如图端部无暗柱时剪力墙水平分布钢筋端部做法。

（2）剪力墙水平分布钢筋在暗柱转角墙中的做法（图 7-9）

1）剪力墙上下相邻两排水平钢筋在转角一侧交错搭接（图 7-10）

剪力墙墙外侧水平分布钢筋从转角墙暗柱纵筋外侧连续通过转弯，绕到转角墙体配筋量较小一侧，与水平分布钢筋交错

图 7-8　端部无暗柱时剪力墙水平钢筋端部做法

搭接，搭接长度不小于 1.2l_{aE}，上下相邻两排水平分布钢筋在转角的一侧交错搭接，相互错开距离为≥500mm，连接区域设在暗柱范围外，如图剪力墙水平分布钢筋在转角墙中的做法。

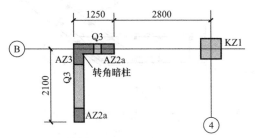

图 7-9　标高 40150～16.800 剪力墙柱平面布置图

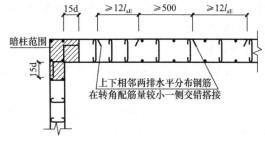

图 7-10　上下相邻两排水平分布钢筋在转角一侧交错搭接

剪力墙内侧水平钢筋伸至转角墙暗柱外侧纵筋内侧弯折，弯折段与墙外侧水平分布钢筋平行，弯折段长度为 15d。

2）剪力墙上下相邻两排水平分布钢筋在转角两侧交错搭接

剪力墙外侧水平分布钢筋从转角墙暗柱纵筋外侧连续通过转弯，绕到转角墙暗柱的另一侧，与另一侧的水平分布钢筋搭接，搭接长度不小于 1.2l_{aE}，上下相邻两排水平分布钢筋在转角的两侧交错搭接，连接区域设在暗柱范围外，如图剪力墙水平分布钢筋在转角墙中的做法。

剪力墙内侧水平分布钢筋伸至转角墙暗柱外侧纵筋内侧弯折，弯折段与墙外侧水平分布钢筋平行，弯折段长度为 15d。

3）剪力墙外侧水平分布钢筋在转角处搭接（图 7-12）

剪力墙墙外侧水平分布钢筋从转角墙暗柱纵筋外侧连续通过转弯，绕到转角墙暗柱的另一侧长度为 0.8l_{aE} 后，与另一侧的水平分布钢筋在转角墙暗柱处搭接，如图剪力墙水平分布钢筋在转角墙中的做法。剪力墙内侧水平分布钢筋伸至转角墙暗柱外侧纵筋内侧弯折，弯折段与墙外侧水平分布钢筋平行，弯折段长度为 15d。

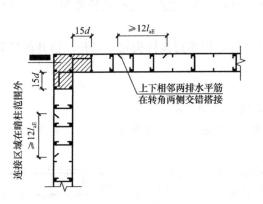

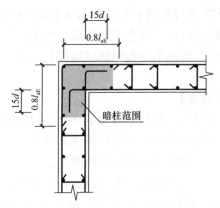

图 7-11　上下相邻两排水平分布
钢筋在转角两侧交错搭接

图 7-12　外侧水平分布
钢筋在转角处搭接

【拓展提高】

剪力墙水平分布钢筋在斜交暗柱转角墙中的做法（图 7-13）

剪力墙内侧水平分布钢筋伸至墙外侧纵筋内侧弯折，弯折段与墙外侧水平分布钢筋平行，弯折段长度为 $15d$，如图剪力墙水平分布钢筋在斜交转角墙中的做法。

【拓展提高】

剪力墙水平分布钢筋在暗柱翼墙中的做法（图 7-14）

剪力墙水平分布钢筋伸至转角墙暗柱外侧纵筋内侧弯折，弯折段与墙外侧水平分布钢筋平行，

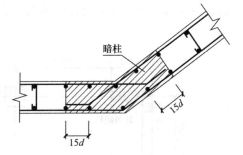

图 7-13　剪力墙水平分布钢筋在
斜交转角墙中的做法

弯折段长度为 $15d$，如图剪力墙水平分布钢筋在翼墙中的做法。

（3）剪力墙水平分布钢筋在端柱端部墙中的做法（图 7-15、图 7-16）

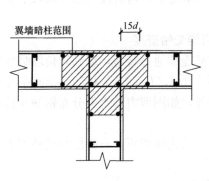

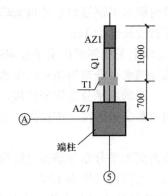

图 7-14　剪力墙水平分布钢筋在翼墙中的做法　图 7-15　标高 4.150～16.800 剪力墙柱平面布置图

剪力墙水平分布钢筋伸至端柱对边竖向钢筋内侧位置，然后向两侧弯折，弯折段长度 $15d$。当墙体水平分布钢筋伸入端柱的直锚长度 $\geqslant l_{aE}$ 时，可不必弯折，但必须伸至端柱对边竖向钢筋内侧位置。如图 7-16 剪力墙身水平钢筋在端柱端部墙中的做法。

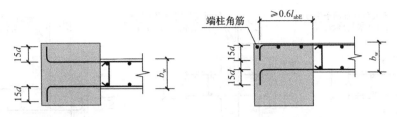

图 7-16　剪力墙水平分布钢筋在端柱端部墙中的做法

【拓展提高】

剪力墙水平分布钢筋在端柱转角墙中的做法

剪力墙水平分布钢筋伸至转角墙端柱外侧纵筋内侧，向一侧弯折，且深入端柱内的长度 $\geq 0.6l_{abE}$，弯折段长度为 $15d$，如图剪力墙水平分布钢筋在端柱转角墙中的做法图 7-17（a）。

与端柱外侧齐平的剪力墙水平分布钢筋伸至转角墙端柱外侧纵筋内侧，向一侧弯折，且深入端柱内的长度 $\geq 0.6l_{abE}$，弯折段长度为 $15d$，另一侧墙体水平分布钢筋伸至转角墙端柱外侧纵筋内侧，向两侧弯折，弯折段长度为 $15d$，如图剪力墙水平分布钢筋在端柱转角墙中的做法如图 7-17（b）、图 7-17（c）所示。

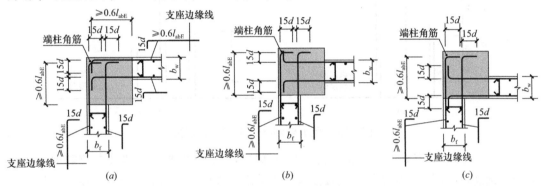

图 7-17　剪力墙水平分布钢筋在端柱转角墙中的做法

当墙体水平分布钢筋伸入端柱的直锚长度 $\geq l_{aE}$ 时，可不必弯折，但必须伸至端柱对边竖向钢筋内侧位置。

【拓展提高】

剪力墙水平分布钢筋在端柱翼墙中的做法

剪力墙水平分布钢筋伸至翼墙端柱外侧纵筋内侧，向两侧弯折，弯折段长度为 $15d$，如图剪力墙水平分布钢筋在端柱翼墙中的做法图 7-18（a）、图 7-18（b）所示。

剪力墙水平分布钢筋伸至翼墙端柱外侧纵筋内侧，向一侧弯折，弯折段长度为 $15d$，如图剪力墙水平分布钢筋在端柱翼墙中的做法如图 7-18（c）所示。

2. 剪力墙竖向分布钢筋构造

（1）剪力墙竖向分布钢筋连接构造

1）剪力墙竖向分布钢筋搭接连接

① 一、二级抗震等级剪力墙底部加强部位竖向分布钢筋可采用绑扎搭接，搭接接头位于基础或楼板顶面以上，搭接长度为 $\geq 1.2l_{aE}$，相邻两根竖向分布钢筋搭接接头要相互错开，错开的净距为 $\geq 500\text{mm}$，如图剪力墙竖向分布钢筋搭接连接图 7-19（a）。

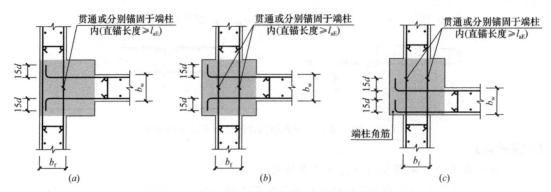

图 7-18 剪力墙水平分布钢筋在端柱翼墙中的做法

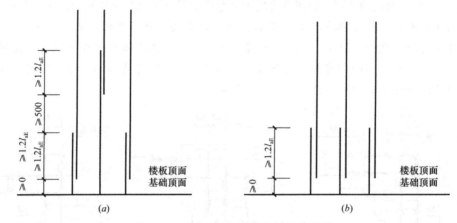

图 7-19 剪力墙竖向分布钢筋搭接连接

② 一、二级抗震等级剪力墙非底部加强部位或三、四级抗震等级或非抗震剪力墙竖向分布钢筋可在同一部位搭接，搭接接头位于基础或楼板顶面以上，搭接长度为$\geqslant 1.2l_{aE}$，如图剪力墙竖向分布钢筋搭接连接图 7-19 (b)。

2) 剪力墙竖向分布钢筋机械连接 (图 7-20)

各级抗震等级剪力墙竖向分布钢筋的机械连接，第一个连接接头位于基础或楼板顶面以上$\geqslant 500mm$处，相邻两根竖向分布钢筋连接接头要交错布置，错开的距离为$\geqslant 35d$。如图剪力墙竖向分布钢筋机械连接。

3) 剪力墙身竖向分布钢筋焊接连接 (图 7-21)

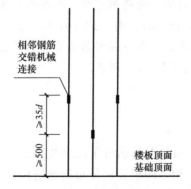

图 7-20 剪力墙竖向分布钢筋机械连接

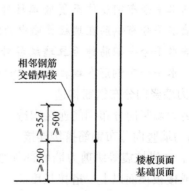

图 7-21 剪力墙竖向分布钢筋焊接连接

各级抗震等级或非抗震剪力墙竖向分布钢筋的机械连接，第一个连接接头位于基础或楼板顶面以上≥500mm处，相邻两根竖向分布钢筋连接接头要交错布置，错开的距离为≥35d，且≥500mm。如图剪力墙竖向分布钢筋焊接连接。

（2）剪力墙变截面处竖向分布钢筋构造

1）剪力墙边墙变截面处竖向分布钢筋构造（图7-22）

上下层墙体平齐一侧，下层剪力墙竖向分布钢筋直接通到上一楼层墙体中。上下层墙体未平齐一侧，下层剪力墙竖向分布钢筋伸到楼板顶部以下向对边弯折，弯折段长度为12d，上层剪力墙竖向分布钢筋伸入下层墙体，伸入长度为1.2l_{aE}，如图剪力墙边墙变截面处竖向分布钢筋构造。

2）剪力墙中墙变截面处竖向分布钢筋构造

① 下层剪力墙竖向分布钢筋不切断，而以斜率≤1/6方式伸入上一楼层，如图3-17剪力墙中墙变截面处竖向分布钢筋构造（a）。

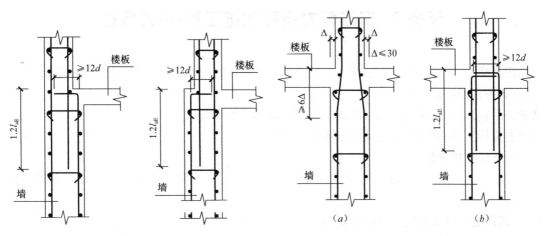

图7-22　剪力墙边墙变截面
处竖向分布钢筋构造

图7-23　剪力墙中墙变截面
处竖向分布钢筋构造

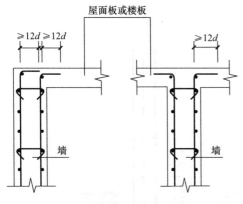

图7-24　剪力墙竖向钢筋顶部构造

② 下层剪力墙竖向分布钢筋伸到楼板顶部以下向对边弯折，弯折段长度为12d，上层剪力墙竖向分布钢筋深入下层楼层，伸入长度为1.2l_{aE}，如图剪力墙中墙变截面处竖向分布钢筋构造（b）。

（3）剪力墙竖向钢筋顶部构造

剪力墙竖向钢筋伸至屋面板或楼板顶部以下，做90°弯折，弯折段长度为12d，如图剪力墙竖向钢筋顶部构造。

3. 剪力墙身拉筋构造

拉筋的注写内容为拉筋的级别、直径和间距、布置方式，如：Φ6@400@400，拉筋的布置方式有"双向"、"梅花双向"两种。

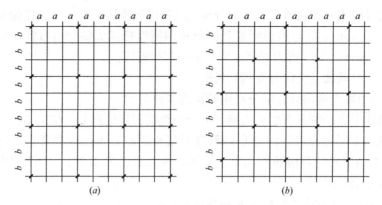

图 7-25 剪力墙身拉筋布置方式

（a）拉筋@3a3b 双向（a≤200、b≤200）；（b）拉筋@4a4b 梅花双向（a≤150、b≤150）

任务3 识读剪力墙平法施工图-剪力墙柱

【知识目标】 掌握剪力墙平法施工图制图规则，掌握剪力墙平法施工图的识读方法和剪力墙柱各种钢筋构造要求。

【能力目标】 能运用剪力墙平法施工图制图规则，识读施工图。

【素质目标】 增强学生综合运用专业知识的能力。

【项目与任务描述】

沈阳某公司办公楼为框架-剪力墙结构，地上 5 层，房屋高度为 17.700m，基础为钻孔灌注桩基础。

请以施工单位土建专业技术员的身份，识读剪力墙结构施工图，结合 16G101-1 剪力墙施工图平面整体表示方法制图规则，剪力墙柱钢筋构造，识读剪力墙柱图。

【学前储备】

掌握 16G101-1 中的剪力墙平法施工图制图规则，钢筋构造要求。

【识读过程】

1. 剪力墙边缘构件纵向钢筋连接（图 7-26）

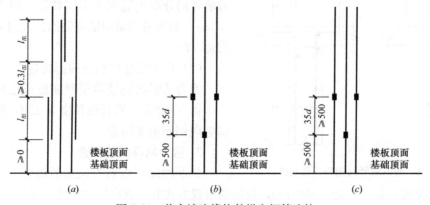

图 7-26 剪力墙边缘构件纵向钢筋连接

（1）当剪力墙边缘构件纵向钢筋连接采用绑扎搭接时，搭接接头位于基础或楼板顶面以上，搭接长度为 l_{lE}，相邻两根竖向分布钢筋搭接接头要相互错开，错开的净距为 $0.3l_{lE}$，如图 7-26（a）所示。

（2）当剪力墙边缘构件纵向钢筋连接采用机械连接时，连接接头位于基础或楼板顶面以上 $\geqslant 500$mm 处，相邻两根竖向分布钢筋连接接头要相互错开，错开的距离为 $\geqslant 35d$，如图 7-26（b）所示。

（3）当剪力墙边缘构件纵向钢筋连接采用焊接连接时，焊接接头位于基础或楼板顶面以上 $\geqslant 500$mm 处，相邻两根竖向分布钢筋焊接接头要相互错开，错开的距离为 $\geqslant 35d$，且 $\geqslant 500$mm，如图 7-26（c）所示。

2. 约束边缘构件 YBZ 构造

阴影区内的纵筋、箍筋要根据设计标注内容进行布置，非阴影区设置拉筋，且在 l_c 范围内的非阴影区的每根竖向分布钢筋都要设置拉筋，拉筋要根据设计标注内容进行布置，如图 7-27（a）。

阴影区内的纵筋、箍筋要根据设计标注内容进行布置，非阴影区外圈设置封闭箍筋，封闭箍筋、拉筋要根据设计标注内容进行布置，如图 7-27（b）。

（1）约束边缘暗柱拉筋和箍筋构造

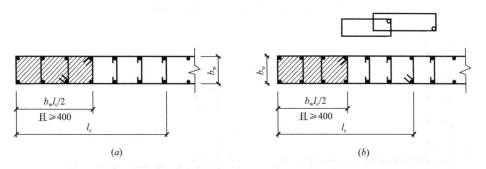

图 7-27　约束边缘暗柱拉筋和箍筋构造

（2）约束边缘端柱拉筋和箍筋构造（图 7-28）

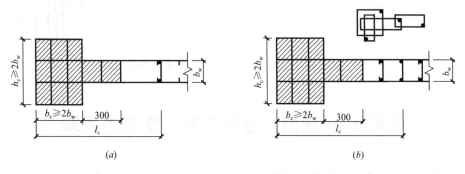

图 7-28　约束边缘端柱拉筋和箍筋构造

（3）约束边缘翼墙拉筋和箍筋构造（图 7-29）

（4）约束边缘转角墙拉筋和箍筋构造（图 7-30）

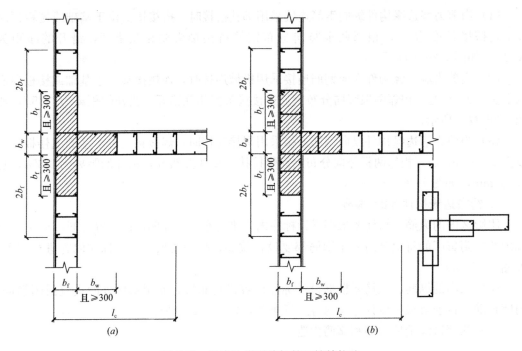

图 7-29 约束边缘翼墙拉筋和箍筋构造

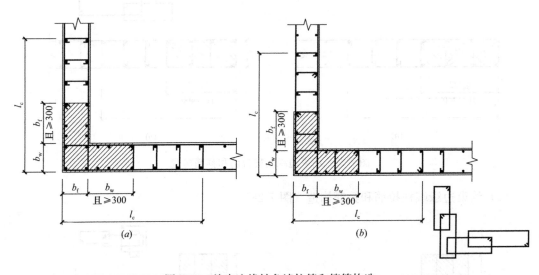

图 7-30 约束边缘转角墙拉筋和箍筋构造

任务 4 识读剪力墙平法施工图-剪力墙梁

【知识目标】 掌握剪力墙平法施工图制图规则，掌握剪力墙平法施工图的识读方法和剪力墙梁各种钢筋构造要求。

【能力目标】 能运用剪力墙平法施工图制图规则，识读施工图。

【素质目标】 增强学生综合运用专业知识的能力。

【项目与任务描述】

沈阳某公司办公楼为框架-剪力墙结构，地上 5 层，房屋高度为 17.700m，基础为钻孔灌注桩基础。

请以施工单位土建专业技术员的身份，识读剪力墙结构施工图，结合 16G101-1 剪力墙施工图平面整体表示方法制图规则，剪力墙梁钢筋构造，识读剪力墙梁图。

【学前储备】

掌握 16G101-1 中的剪力墙平法施工图制图规则，钢筋构造要求。

【识读过程】

1. 剪力墙暗梁钢筋构造

剪力墙暗梁 AL 钢筋包括纵筋、箍筋、拉筋，其中纵筋包括上部纵筋、下部纵筋、侧面纵筋。侧面纵筋要根据具体设计进行布置。

（1）暗梁钢筋与剪力墙身钢筋的位置关系（图 7-31）

剪力墙的水平分布钢筋位于剪力墙的最外侧，剪力墙的竖向钢筋连续穿过暗梁，与暗梁箍筋位于剪力墙的水平分布钢筋内侧，暗梁纵筋位于最内侧。

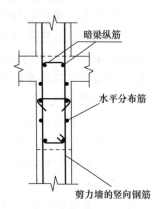

图 7-31　暗梁钢筋与剪力墙身钢筋的位置关系

（2）剪力墙暗梁钢筋构造

剪力墙暗梁纵筋构造与剪力墙水平分布钢筋构造相同。剪力墙暗梁箍筋沿墙肢全长均匀布置；暗梁拉筋与连梁拉筋设置相同。

【拓展提高】

剪力墙连梁钢筋构造

剪力墙连梁 LL 钢筋包括纵筋、箍筋、拉筋。纵筋包括上部纵筋、下部纵筋、侧面纵筋。侧面纵筋要根据具体设计进行布置。

（1）剪力墙连梁为端部洞口连梁钢筋构造（图 7-32）

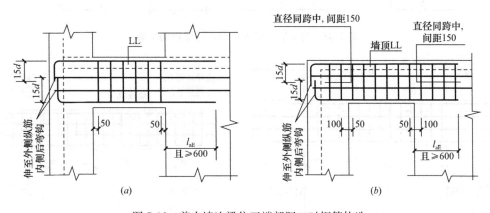

图 7-32　剪力墙连梁位于端部洞口时钢筋构造

1）纵筋构造

①当端部洞口连梁的纵向钢筋在端支座的直锚长度 ≥ l_{aE}，且 ≥ 600 时，可不必往上（下）弯折。

② 当端部墙肢较短，端部洞口连梁的纵向钢筋在端支座的直锚长度≤l_{aE}，或≤600时，连梁的纵向钢筋伸至墙外侧纵筋内侧后向上（下）弯折，弯折段长度为15d。

2）箍筋构造

① 中间层连梁箍筋构造如图7-32剪力墙连梁位于端部洞口时钢筋构造（a）所示。

中间层连梁箍筋布置在洞口范围内，第一根箍筋距离支座边缘为50mm。

② 顶层连梁箍筋构造如图7-32剪力墙连梁位于端部洞口时钢筋构造（b）所示。

顶层连梁箍筋布置在全梁范围内，洞口范围内两侧第一根箍筋距离支座边缘为50mm，箍筋的具体内容要根据设计标注进行布置；支座范围内第一根箍筋距离支座边缘为100mm，箍筋的直径与跨中相同，间距为150mm。

3）拉筋构造

① 拉筋直径：当梁宽≤350mm时，为6mm；当梁宽>350mm时，为8mm；

② 拉筋间距：拉筋间距为箍筋间距的2倍，竖向沿侧面水平筋隔一拉一。

（2）剪力墙连梁为单洞口连梁钢筋构造（图7-33）

剪力墙连梁位于中间支座时，为单洞口（单跨）连梁，连梁纵筋伸入两端支座内的长度为l_{aE}，且≥600mm。连梁箍筋、拉筋、侧面纵筋构造与端部洞口连梁钢筋构造相同。

（3）剪力墙连梁为双洞口连梁钢筋构造（图7-34）

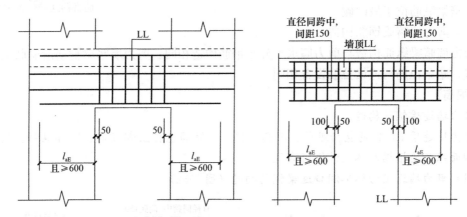

图7-33　剪力墙连梁为单洞口连梁钢筋构造

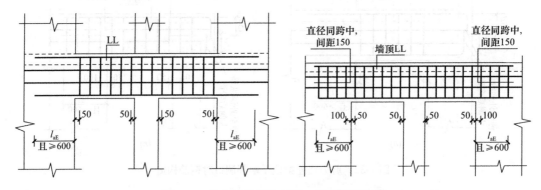

图7-34　剪力墙连梁为双洞口连梁钢筋构造

剪力墙连梁位于中间支座时，为双洞口（双跨）连梁，连梁纵筋连续跨过双洞口，连梁纵筋伸入两端支座内的长度为l_{aE}，且≥600mm。连梁箍筋除与端部洞口连梁箍筋构造相同外，双洞口连梁范围内也要设置箍筋。连梁拉筋、侧面纵筋构造与端部洞口连梁钢筋构造相同。

课外延伸 剪力墙洞口的表示方法

剪力墙洞口在剪力墙平面布置图原位表达。首先，在平面布置图中绘制出洞口，标注出洞口中心的平面定位尺寸，然后在洞口的中心位置标注洞口编号、洞口几何尺寸、洞口中心相对标高、洞口每边补强钢筋。

1. 洞口编号

当洞口为矩形洞口时，编号为JD××，××为序号。

当洞口为圆形洞口时，编号为YD××。

2. 洞口几何尺寸

矩形洞口为洞宽×洞高（$b×h$）。

圆形洞口为洞口直径D。

3. 洞口中心相对标高，是指相对于结构层楼（地）面标高的洞口中心高度。当其高于结构层楼面时为正值，低于结构层楼面时为负值。

4. 洞口每边补强钢筋

（1）当矩形洞口的洞宽、洞高均不大于800mm时，洞口每边设置补强钢筋，标注内容为洞口每边补强钢筋的具体数值。当洞宽、洞高方向补强钢筋不一致时，分别注写洞宽方向、洞高方向补强钢筋，用"/"分隔。

当设计注写补强纵筋时，按注写值补强；补强钢筋每边伸入洞口四周墙体内的长度为l_{aE}，如图7-35、图7-36矩形洞口的洞宽、洞高均不大于800mm洞口补强钢筋构造。

在洞口处被切断的剪力墙水平筋和竖向筋，在洞口处弯折勾住洞口补强钢筋。如图矩形洞口被切断的墙身纵筋构造。

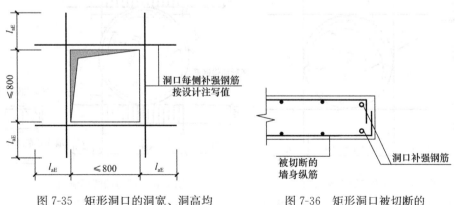

图7-35 矩形洞口的洞宽、洞高均
不大于800洞口补强钢筋构造

图7-36 矩形洞口被切断的
墙身纵筋构造

（2）当矩形洞口洞宽大于800mm时，在洞口的上、下设置补强暗梁，标注内容为洞口上、下每边暗梁的纵筋、箍筋的具体数值。

当洞口上、下为剪力墙连梁时，可不重复设置补强暗梁，补强暗梁两端伸入洞口两侧

墙体内的长度均为 l_{aE},如图 7-37 所示矩形洞口的洞宽大于 800mm 洞口补强暗梁构造。

(3) 当圆形洞口直径不大于 300mm,且设置在墙身、暗梁或边框梁位置时,标注内容为洞口上下左右每边布置的补强纵筋的具体数值。

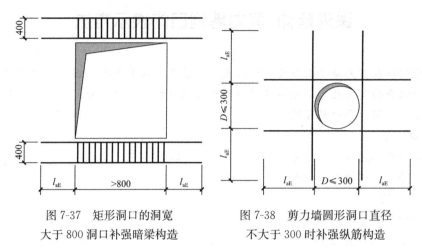

图 7-37 矩形洞口的洞宽
大于 800 洞口补强暗梁构造

图 7-38 剪力墙圆形洞口直径
不大于 300 时补强纵筋构造

补强钢筋每边伸入洞口四周墙体内的长度为 l_{aE},如图 7-38 所示剪力墙圆形洞口直径不大于 300 时补强纵筋构造。

(4) 当圆形洞口直径大于 300mm,但不大于 800mm 时,补强钢筋按照圆外切正四边形的边长方向布置,同时,加设环向补强钢筋,标注内容为补强钢筋的具体数值,如图 7-39 所示剪力墙圆形洞口直径大于 300mm,但不大于 800mm 时补强纵筋构造。

(5) 当圆形洞口直径大于 800mm 时,在洞口的上、下设置补强暗梁,在洞口周围设置环向加强钢筋,标注内容为洞口上、下每边暗梁的纵筋、箍筋、环向加强钢筋的具体数值。

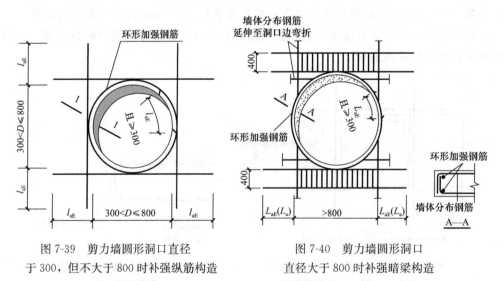

图 7-39 剪力墙圆形洞口直径
于 300,但不大于 800 时补强纵筋构造

图 7-40 剪力墙圆形洞口
直径大于 800 时补强暗梁构造

当洞口上、下为剪力墙连梁时,可不重复设置补强暗梁,补强暗梁两端伸入洞口两侧墙体内的长度均为 l_{aE},洞口竖向两侧设置剪力墙边缘构件。环向加强钢筋重合部分长度为 l_{aE},且≥300mm。墙体分布钢筋延伸至洞口边弯折。如图 7-40 剪力墙圆形洞口直径大于 800 时补强暗梁构造。

单元 8　识读现浇混凝土板式楼梯施工图

任务 1　识读现浇混凝土板式楼梯施工图

【知识目标】　掌握现浇混凝土板式楼梯平法施工图制图规则，掌握现浇混凝土板式楼梯平法施工图的识读方法。

【能力目标】　能运用现浇混凝土板式楼梯平法施工图制图规则，识读施工图，并明确标注内容的含义。

【素质目标】　增强学生自学和分析、解决问题能力。

【项目与任务描述】

沈阳某公司办公楼为框架-剪力墙结构，地上 5 层，房屋高度为 17.700m，基础为钻孔灌注桩基础。

请以施工单位土建专业技术员的身份，识读现浇混凝土板式楼梯结构施工图，结合 16G101-2 现浇混凝土板式楼梯施工图平面整体表示方法制图规则，撰写现浇混凝土板式楼梯平法施工图识图报告。

【学前储备】

掌握 16G101-2 中的现浇混凝土板式楼梯平法施工图制图规则。

【识读过程】

现浇混凝土板式楼梯平法施工图有平面注写、剖面注写和列表注写三种表达方式。这里只介绍平面注写方式。

平面注写方式是在楼梯平面布置图上注写截面尺寸和配筋具体数值的方式来表达楼梯施工图。平面注写方式包括集中标注和外围标注，如图 8-1 所示。

1. 集中标注的内容

楼梯集中标注的内容为：梯板类型代号与序号、梯板厚度、踏步段总高度和踏步级数、梯板支座上部纵筋、下部纵筋、梯板分布筋。

（1）梯板类型代号与序号

板式楼梯包含 12 种类型，分别为 AT 型、BT 型、CT 型、DT 型、ET 型、FT 型、GT 型、ATa 型、ATb 型、ATc 型、CTa、CTb 型。

1）AT 型

AT 型梯板全部由踏步段构成，梯板两端分别以低端和高端梯梁为支座。如图 8-2 所示 AT 型楼梯截面形状与支座示意图。

2）BT 型

BT 型梯板由低端平板和踏步段构成，梯板两端分别以低端和高端梯梁为支座。如

图 8-3 所示 BT 型楼梯截面形状与支座示意图。

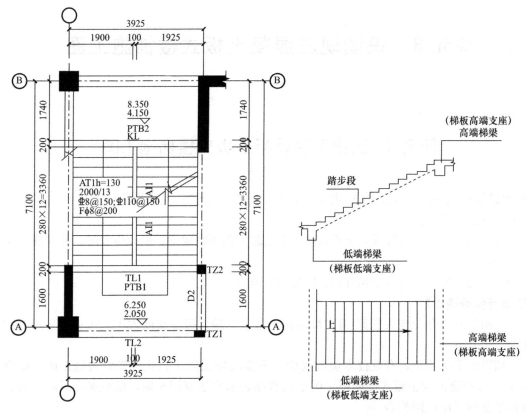

图 8-1　1、2 号楼梯标高 4.150m；
8.350m 平面布置图

图 8-2　AT 型楼梯截面形状与支座示意图

3）CT 型

CT 型梯板由踏步段和高端平板构成，梯板两端分别以低端和高端梯梁为支座。如图 8-4CT 型楼梯截面形状与支座示意图。

4）DT 型

DT 型梯板由低端平板、踏步段、高端平板构成，梯板两端分别以低端和高端梯梁为支座。如图 8-5DT 型楼梯截面形状与支座示意图。

5）ET 型

ET 型梯板由低端踏步段、中位平板和高端踏步段构成，梯板两端分别以低端和高端梯梁为支座。如图 8-6 所示 ET 型楼梯截面形状与支座示意图。

6）FT 型

FT 型梯板由层间平板、踏步段和楼层平

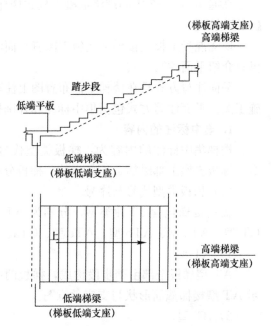

图 8-3　BT 型楼梯截面形状与支座示意图

板构成，梯板一端的层间平板采用三边支承，另一端的楼层平板也采用三边支承。如图 8-7 所示 FT 型楼梯截面形状与支座示意图。

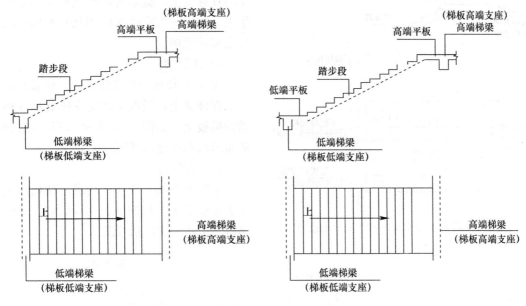

图 8-4　CT 型楼梯截面形状与支座示意图　　　图 8-5　DT 型楼梯截面形状与支座示意图

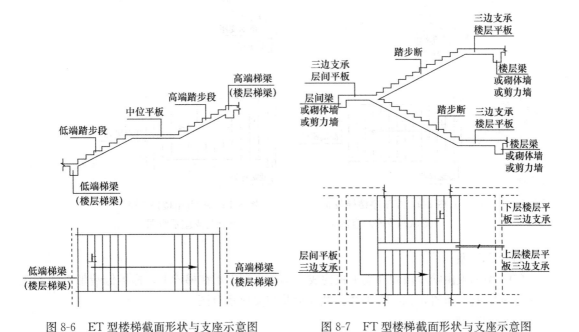

图 8-6　ET 型楼梯截面形状与支座示意图　　　图 8-7　FT 型楼梯截面形状与支座示意图

7）GT 型

GT 型梯板由层间平板、踏步段和楼层平板构成，梯板一端的梯段板采用单边支承，另一端的层间平板采用三边支承。如图 8-8 所示 GT 型楼梯截面形状与支座示意图。

133

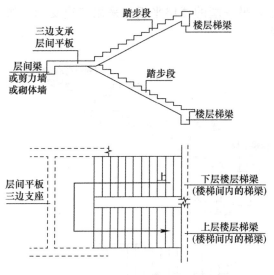

图 8-8　GT 型楼梯截面形状与支座示意图

8）ATa 型

ATa 型梯板由踏步段构成，梯板高端支承在梯梁上，低端带滑动支座支承在梯梁上。如图 8-9 所示 ATa 型楼梯截面形状与支座示意图。

9）ATb 型

ATb 型梯板由踏步段构成，梯板高端支承在梯梁上，低端带滑动支座支承在梯梁的挑板上。如图 8-10 所示 ATb 型楼梯截面形状与支座示意图。

10）ATc 型

ATc 型梯板由踏步段构成，梯板两端支承在梯梁上。如图 8-11 所示 ATc 型楼梯截面形状与支座示意图。

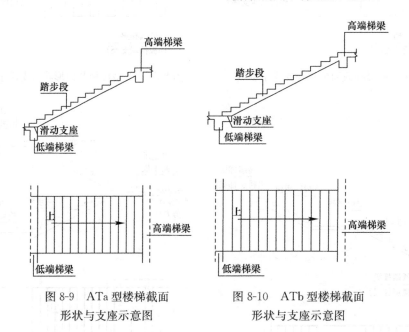

图 8-9　ATa 型楼梯截面
形状与支座示意图

图 8-10　ATb 型楼梯截面
形状与支座示意图

11）CTa 型

CTa 型梯板由踏步段和高端平板构成，梯板高端支承在梯梁上，梯板低端带滑动支座支承在梯梁上。如图 8-12CTa 型楼梯截面形状与支座示意图。

12）CTb 型

CTb 型梯板由踏步段和高端平板构成，梯板高端支承在梯梁上，梯板低端带滑动支座支承在挑板上。如图 8-13CTa 型楼梯截面形状与支座示意图。

（2）梯板厚度

梯板厚度，注写为 $h=\times\times\times$；当为带平板的梯板且梯段板厚度和平板厚度不同时，可在梯段板厚度后面括号内以字母 P 打头注写平板厚度。

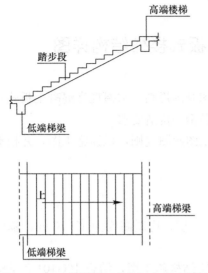

图 8-11 ATc 型楼梯截面形状与支座示意图

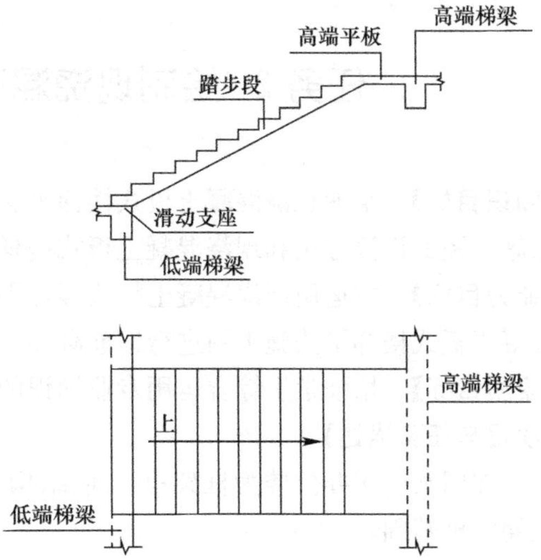

图 8-12 CTa 型楼梯截面

（3）踏步段总高度和踏步级数

踏步段总高度为 2000mm，踏步级数为 13 步，之间以"/"分隔。

（4）梯板支座上部纵筋、下部纵筋

梯板支座上部纵筋为 $\Phi 8@150$，下部纵筋为 $\Phi 10@150$，之间以"；"分隔。

（5）梯板分布筋

梯板分布筋是以 F 打头注写分布钢筋。

2. 楼梯外围标注

楼梯外围标注的内容为：楼梯间的平面尺寸、楼层结构标高、层间结构标高、楼梯上下方向、梯板的平面几何尺寸、平台板（PTB）配筋、梯梁（TL）及梯柱（TZ）配筋等。

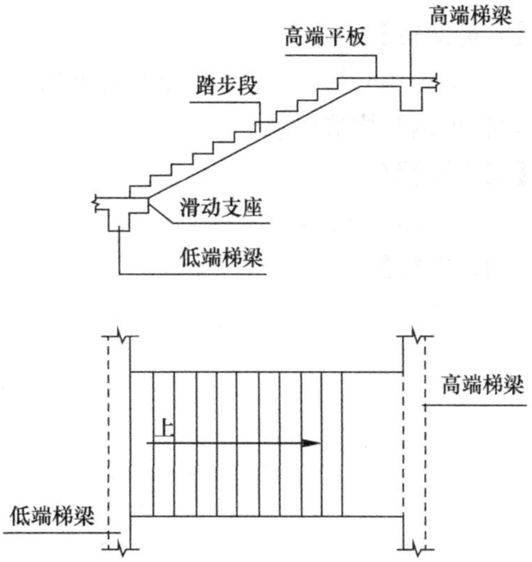

图 8-13 CTb 型楼梯截面

【拓展提高】

剖面注写方式

剖面注写方式是在楼梯平法施工图中绘制楼梯平面布置图和楼梯剖面图的方式来表达楼梯施工图。剖面注写方式包括平面注写和剖面注写。

楼梯平面布置图注写内容，包括楼梯间的平面尺寸、楼层结构标高、层间结构标高、楼梯的上下方向、梯板的平面几何尺寸、梯板类型及编号、平台板配筋、梯梁及梯柱配筋等。

楼梯剖面图注写内容，包括梯板集中标注、梯梁梯柱编号、梯板水平及竖向尺寸、楼层结构标高、层间结构标高等。

集中标注内容有四项：梯板类型及编号、梯板厚度、梯板配筋、梯板分布筋。

【拓展提高】

列表注写方式

列表注写方式是用列表方式注写梯板截面尺寸和配筋具体数值的方式来表达楼梯施工图。

任务 2 绘制现浇混凝土板式楼梯结构详图

【知识目标】 掌握现浇混凝土板式楼梯平法施工图制图规则，掌握现浇混凝土板式楼梯平法施工图的识读方法和现浇混凝土板式楼梯内各种钢筋构造要求。

【能力目标】 能运用现浇混凝土板式楼梯平法施工图制图规则，识读施工图，并根据现浇混凝土板式楼梯平法施工图进行钢筋翻样。

【素质目标】 增强学生综合运用专业知识的能力。

【项目与任务描述】

沈阳某公司办公楼为框架-剪力墙结构，地上 5 层，房屋高度为 17.700m，基础为钻孔灌注桩基础。

请以施工单位土建专业技术员的身份，识读梁结构施工图，结合 16G101-2 梁施工图平面整体表示方法制图规则，绘制现浇混凝土板式楼梯钢筋翻样图。

【学前储备】

掌握 16G101-2 中的现浇混凝土板式楼梯平法施工图制图规则，现浇混凝土板式楼梯内各种钢筋构造要求。

【工作过程】

如图 8-1 所示。

【知识链接】

AT 型楼梯配筋构造（图 8-14）

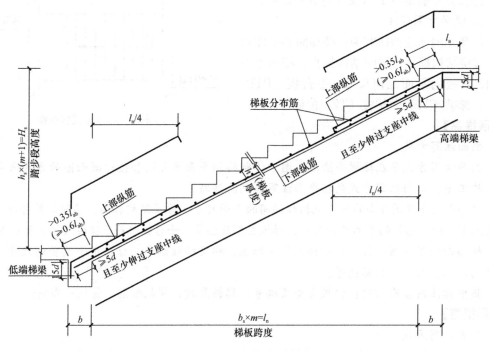

图 8-14 AT 型楼梯配筋构造

梯板下部纵筋分别伸入高、低端梯梁内，伸入长度为≥5d，且至少过梁中线。

梯板上部纵筋伸至支座对边再向下弯折，且伸入梯梁内≥0.35l_{ab}（≥0.6l_{ab}），弯折段长度为15d，从支座内边起总锚固长度不小于l_a。

梯板上部纵筋的伸出长度为$l_n/4$（沿梯板水平投影方向）。

1. 根据 AT1 平法施工图、AT 型楼梯配筋构造绘制 AT1 钢筋翻样图（图 8-15、图 8-16）

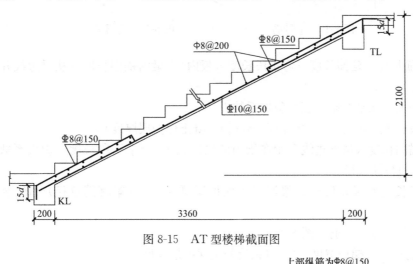

图 8-15　AT 型楼梯截面图

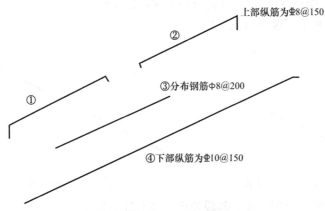

图 8-16　AT 型楼梯钢筋翻样图

2. 根据 AT1 钢筋翻样图计算各类钢筋长度

（1）①号为梯板支座上部纵筋（图 8-17）

① 号筋长度＝延伸长度＋弯折段长度（板内）＋梁内锚固长度（从梁边线开始在梁内的锚固长度）

延伸长度＝水平投影长度×斜坡系数 k

斜坡系数 $k=\sqrt{b_s^2+h_s^2}/b_s$，b_s 为踏步宽度，h_s 为踏步高度。

弯折段长度（板内）＝h（板厚度）－c（板混凝土保护层厚度）

梁内锚固长度（从梁边线开始在梁内的锚固长度）＝水平段长度×斜坡系数 k＋15d，d 为上部非通长筋直径

水平段长度＝梁宽度－c（梁混凝土保护层厚度）－d（梁箍筋直径）－d（梁外侧角筋直径）

（2）②号为梯板支座上部纵筋（图 8-18）

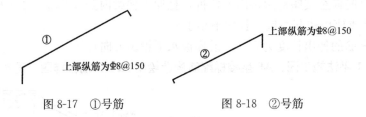

图 8-17 ①号筋 　　　　图 8-18 ②号筋

② 号筋长度＝延伸长度＋弯折段长度（板内）＋梁内锚固长度（从梁边线开始在梁内的锚固长度）

延伸长度＝水平投影长度×斜坡系数 k

弯折段长度（板内）＝h(板厚度)－c(板混凝土保护层厚度)

梁内锚固长度（从梁边线开始在梁内的锚固长度）＝水平段长度×斜坡系数 k＋15d，d 为上部非通长筋直径

水平段长度＝梁宽度－c(梁混凝土保护层厚度)－d(梁箍筋直径)－d(梁外侧角筋直径)

（3）③号为分布钢筋（图 8-19）

③ 号筋长度＝梯板宽度－2×c(板混凝土保护层厚度)

（4）④号为梯板下部纵筋（图 8-20）

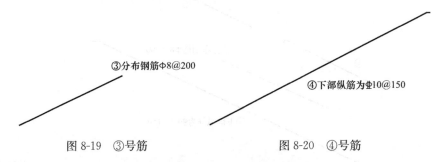

图 8-19 ③号筋 　　　　图 8-20 ④号筋

④号筋长度＝低端锚固长度＋斜段长度＋高端锚固长度

低端锚固长度＝($5d$，b×斜坡系数 $k/2$) 中的较大值。

斜段长度＝梯板跨度×斜坡系数 k

高端锚固长度＝($5d$，b×斜坡系数 $k/2$) 中的较大值。

【拓展提高】

1. BT 型楼梯配筋构造（图 8-21）

（1）梯板下部纵筋分别伸入高、低端梯梁内，伸入长度为≥5d，且至少过梁中线。

（2）梯板上部纵筋伸至支座对边再向下弯折，且伸入梯梁内≥0.35l_{ab}（≥0.6l_{ab}），弯折段长度为 15d，从支座内边起总锚固长度不小于 l_a。

（3）梯板上部纵筋的伸出长度为 $l_n/4$。

2. CT 型楼梯配筋构造（图 8-22）

3. DT 型楼梯配筋构造（图 8-23）

4. ET 型楼梯配筋构造（图 8-24）

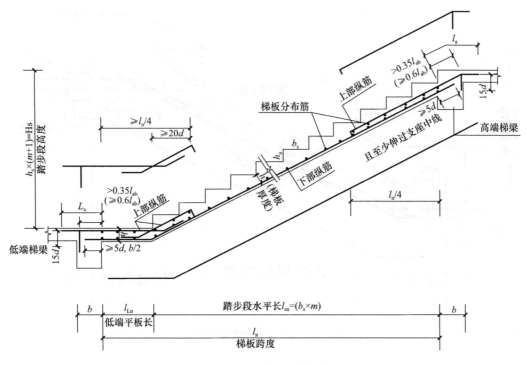

图 8-21　BT 型楼梯配筋的构造

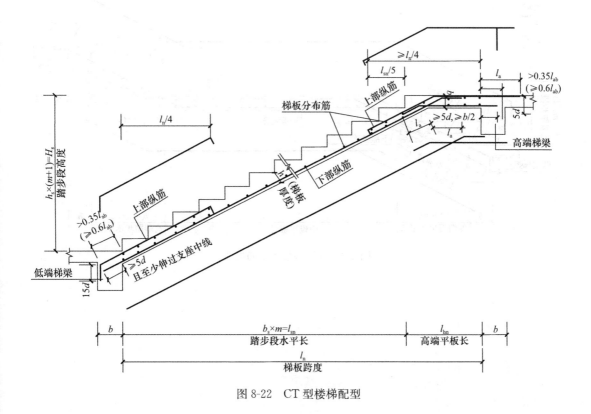

图 8-22　CT 型楼梯配型

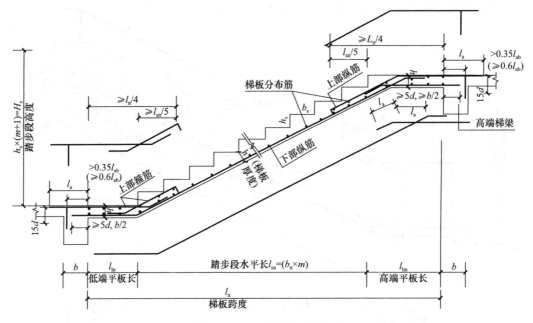

图 8-23　DT 型楼梯配筋构造

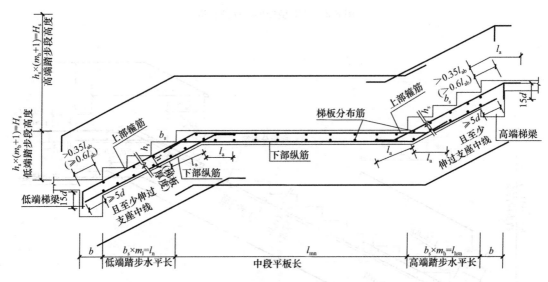

图 8-24　ET 型楼梯配筋构造

参 考 文 献

1.《混凝土结构设计规范》GB 50010—2010

2.《建筑工程抗震设防分类标准》GB 50068—2008

3.《高层建筑混凝土结构技术规程》JGJ 3—2010

4.《建筑抗震设计规范》GB 50011—2010

5.《建筑结构制图标准》GB/T 50105—2010

6. 16G101-1《混凝土结构施工图平面整体表示方法制图规则和构造详图（现浇混凝土框架、剪力墙、梁、板）》

7. 16G101-2《混凝土结构施工图平面整体表示方法制图规则和构造详图（现浇混凝土板式楼梯）》

8. 16G101-3《混凝土结构施工图平面整体表示方法制图规则和构造详图（独立基础、条形基础、筏型基础及桩基承台）》

9. 平法识图与钢筋计算释疑解惑